多媒體設計的 13堂必修課

方法對了，不燒腦也可以輕鬆穿梭繪圖的多重宇宙

U0086650

鄭苑鳳 著・ZCT 策劃

設計新手都想學會的AI高效設計力

+ 切換上帝視角，完美掌握多媒體設計就從概念開始
+ 開啟蟲洞模式，400+圖片帶你迅速穿梭多媒體宇宙
+ 秒懂防呆懶人包，免費影、視、動畫軟體密技總整理
+ 入坑數位學習，Google雲端教室互動技巧超展開
+ 解鎖人生成就，AI繪圖幫你達成影像新維度

博碩文化

作　　者：鄭苑鳳 著、ZCT 策劃
責任編輯：何芃穎

董 事 長：陳來勝
總 編 輯：陳錦輝

出　　版：博碩文化股份有限公司
地　　址：221 新北市汐止區新台五路一段 112 號 10 樓 A 棟
　　　　　電話 (02) 2696-2869　傳真 (02) 2696-2867

發　　行：博碩文化股份有限公司
郵撥帳號：17484299　戶名：博碩文化股份有限公司
博碩網站：http://www.drmaster.com.tw
讀者服務信箱：dr26962869@gmail.com
訂購服務專線：(02) 2696-2869 分機 238、519
（週一至週五 09:30 ～ 12:00；13:30 ～ 17:00）

版　　次：2023 年 11 月初版

建議零售價：新台幣 750 元
I S B N：978-626-333-664-3
律師顧問：鳴權法律事務所 陳曉鳴律師

本書如有破損或裝訂錯誤，請寄回本公司更換

國家圖書館出版品預行編目資料

多媒體設計的 13 堂必修課：方法對了，不燒腦
也可以輕鬆穿梭繪圖的多重宇宙 / 鄭苑鳳 著.
-- 初版 . -- 新北市：博碩文化股份有限公司，
2023.11

　　面；　公分

　　ISBN 978-626-333-664-3(平裝)

　　1.CST: 多媒體 2.CST: 數位影像處理

312.8　　　　　　　　　　　　112018060

Printed in Taiwan

博碩粉絲團　歡迎團體訂購，另有優惠，請洽服務專線
(02) 2696-2869 分機 238、519

序言

近年來由於電腦科技日新月異,多媒體素材的表現模式與創作也日新月異,尤其是行動裝置對多媒體的處理能力大為增加,使得現代多媒體的發展漸漸朝向多元化的趨勢邁進,同時讓各種多媒體的設計從專業人士與專屬工具轉變成一般大眾都能從事多媒體的影音設計。

要讓普羅大眾也能快速進入多媒體設計領域,一本淺顯易懂、內容詳實的概論型書籍是有其必要的,本書兼顧理論與實作,能讓初學者快速熟悉並進入多媒體的設計領域。本書內容包含如下:

◆ 多媒體設計的初體驗部分,介紹電子書、行動通訊 App、多媒體資料庫、擴增實境(AR)、人工智慧、響應式網頁設計(RWD)、多媒體輸出入設備等概念。

◆ 文字媒體部分,介紹數位資料的處理方式、跨平台電子格式文件、電子書製作。

◆ 影像媒體部分,介紹數位影像的類型、色彩模式、影像檔案格式和壓縮方式。

◆ 音訊媒體部分,除了認識語音數位化的相關知識外,還介紹音效種類、音訊壓縮、常用音效檔格式,同時介紹數位音訊的錄製、GoldWave 音訊的編輯技巧。

◆ 視訊方面,介紹視訊原理、視訊型態、視訊壓縮、視訊檔案格式、串流媒體等知識,同時介紹 YouTube 下載與上傳方式。

◆ 動畫媒體部分,介紹動畫原理、頁框率 FPS、動畫種類、動畫製作等觀念。

◆ GIMP 影像處理密技,讓各位輕鬆使用免費影像處理軟體來編修影像、調整圖片色彩、修補圖片、合成相片。

◆ Openshot 視訊剪輯,讓你輕鬆編輯家庭影片,從操作環境、匯入素材、修剪 / 串接影片、片頭片尾加入淡出入效果、轉場 / 特效、覆疊素材、字幕、音樂、影片匯出等,都有完整介紹。

◆ 3D 動畫設計軟體部分,介紹 Blender 的使用技巧,讓使用者輕鬆從無開始建立與編輯模型、算繪影像、設定顏色、設置環境光與燈光、設定攝影機角度。

◆ Google 雲端教室，介紹數位學習的特色與類型、Google 雲端教室的登入、課程建立、加入教材、邀請學生加入、老師與學生互動。

◆ Web3.0 技術下的新媒體，介紹了社群網路、網路電視、行動裝置，包含新興的 Instagram、臉書、YouTube 影音王國等社群。

◆ Google Sites 架站術，從登入、編輯網站架構、新增標誌 / 子頁面、設定導覽模式、頁尾資訊、網頁內容編輯、圖文超連結、插入按鈕 / 影片、預覽與發佈等，都有詳實說明。

◆ AI 繪圖實務介紹了 ChatGPT 使用技巧、生成式 AI 繪圖、實用的 AI 繪圖生圖神器、Dalle·2（文字轉圖片）、使用 Midjourney 輕鬆繪圖、Playground AI 繪圖網站、Bing Image Creator 等主題。

本書除了多媒體的各項知識外，也強調軟體實作，並以多樣化的範例來進行講解，影像處理設計、視訊剪輯製作、3D 動畫實務、網站設計、數位學習…等，都能提升讀者對多媒體創作的興趣，同時引導讀者將所學會的相關技巧，應用到生活化的創作之中。

書中加入了豐富圖片及示意圖，不僅豐富閱讀視覺，透過示意圖或表格的整理，更容易理解書中傳達的知識。本書可作為多媒體概論或多媒體實作相關課程的教材，能幫助讀者快速建立多媒體領域基礎知識。本書雖然力求校正精確，但恐有疏忽之處，如有不完備之處，煩請各位不吝指正。

Chapter 01 多媒體設計的異想世界與創新初體驗

Chapter 02 大話文字媒體的魔幻魅力

Chapter 03 深入影像媒體領域的輕課程

Chapter **04** 音訊媒體與 **GoldWave** 音訊處理實務

Chapter 05 解析視訊媒體的生手懶人包

Chapter 06 動畫媒體的贏家速學筆記

Chapter **07　超吸睛的 GIMP 影像處理密技**

Chapter 08 Openshot 視訊剪輯攻略

Chapter 09 Blender 3D 動畫製作

Chapter 10 翻轉數位學習的 Google 雲端教室

Chapter 11　Web3.0 風潮下的新媒體革命

Chapter 12　Web 網站架設與設計流行心法 —— Google Sites

Chapter **13 AI 繪圖實務**

附錄

多媒體設計的異想世界 與創新初體驗

近年來由於工業社會急速發展，電腦科技日新月異，使得電腦對各種媒體的處理能力大為增加，並且均能夠以電腦與周邊設備將它們轉化成數位資訊內容，在此同時，電腦把現代人的生活帶入了五光十色的多媒體世界。隨著多媒體技術的不斷成長，目前如雨後春筍般的多媒體相關產品已大量進入整個社會，乃至於家庭生活應用中，使得從電子科技界、資訊傳播界、專業設計業、電信業甚至於教育界和娛樂領域，無不處處充斥著它的影響力。例如最近全球又再次掀起了虛擬實境（VR）相關產品的搶購熱潮，許多智慧型手機廠商 HTC、Sony、Samsung 等都積極準備推出新的虛擬實境裝置，創造出全新的多媒體消費感受與可能的商業應用。

<聲光十足的線上遊戲與手機遊戲已經成為年輕人的多媒體休閒主流>

TIPS

擬實境技術（Virtual Reality Modeling Language，VRML）是一種程式語法，主要是利用電腦模擬產生一個三度空間的虛擬世界，提供使用者關於視覺、聽覺、觸覺等感官的模擬，利用此種語法可以在網頁上建造出一個 3D 的立體模型與立體空間。VRML 最大特色在於其互動性與即時反應，可讓設計者或參觀者在電腦中就可以獲得相同的感受，如同身處在真實世界一般，並且可以與場景產生互動，360 度全方位地觀看設計成品。

未來虛擬實境更具備了顛覆電子商務市場的潛力，就是要以虛擬實境技術融入電子商場來完成線上交易功能，這種方法不僅可以增加使用者的互動性，改變了以往 2D 平面呈現方式，讓消費者有真實身歷其境的感覺，大大提升虛擬通路的購物體驗。阿里巴巴旗下著名的購物網站淘寶網，將發揮其平台優勢，全面啟動「Buy ＋」計畫引領未來購物體驗，向世人展示了利用虛擬實境技術改進消費體驗的構想，戴上連接感應器的 VR 眼鏡，直接感受在虛擬空間購物，不但能讓使用者進行互動以傳遞更多行動行銷資訊，也優化了買家的購物體驗。

1-1 認識多媒體

所謂「多媒體」（Multi Media），可以稱為是一項包括多種視聽表現模式的創作，在不同的時期有著不同的定義與內容，而其中的差異主要在於當時的電腦技術背景。近年來由於資訊社會急速發展，電腦科技日新月異，使得個人電腦對各種媒體的處理能力大為增加。因此對於各種媒體內容，均能夠將它們轉化成數位型態，然後再透過電腦加以整合與運用，最後配合周邊設備來展示多媒體效果。

<多媒體產品的四大優點>

1-1-1 多媒體的定義

「多媒體」一詞是由「多」（Multi）及「媒體」（Media）兩字組合而成。所謂「媒體」，在今天的定義，則是代表所有能夠傳播資訊的媒介，因此對於「多媒體」，我們可以這樣定義：「同時運用與整合一個以上的媒體來進行資訊的傳播，而媒體的範圍則包含了文字、影像、音訊、視訊及動畫等素材」。

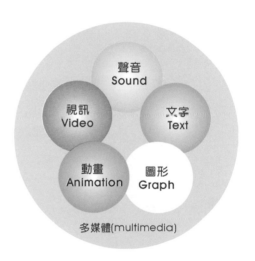

多媒體(multimedia)

1-1-2 文字

文字在多媒體作品中是最普遍與最基本的溝通媒介，凡是人們用來傳達訊息，表示一定意義的圖畫和符號，都可以稱為文字。文字媒體最普遍的應用就是文書處理，而文書處理軟體也是目前個人電腦上最常使用的一種軟體，每天有數以千萬計的人使用文書處理軟體，製作各種文字為主的文件，例如：撰寫編輯備忘錄、書信、報告以及許多其他種類的文件。

<影像融入文字中的效果及文字與背景色的對比效果>

1-1-3 音訊

聲音是通過物體振動所產生,並且透過經介質(如空氣或固體、液體)以聲波(Sound Wave)的方式將能量傳送出去並形成不同的波形。所謂「音訊媒體」在目前最普遍的應用就是網路電話(Voice over Internet Protocol,簡稱 VoIP)。VoIP 是將聲音的類比訊號轉為數位訊號之後,透過網路相關的通訊協定,取代傳統電話,與他人進行語音交談,只要能夠連上網,就可以撥打電話給同在網路上的任一親朋好友。VoIP 軟體最有名的就屬 Skype,Skype 是一套簡單小巧的語音通訊的免費軟體,無需支付通話費用。想要使用 Skype 網路電話,通話雙方都必須具備電腦與 Skype 軟體,而且要有麥克風、耳機、喇叭或 USB 電話機,如果想要看到影像則必須有網路攝影機(Web CAM)。現今更有許多的社群軟體可以進行音訊通話,像是 LINE 社群,不管是打電話、留訊息、傳送資料都很便利。

❶ 由 LINE 社群點選連絡人

❷ 由此進行語音通話

按此處可附加檔案

1-1-4 影像

在日常生活中，影像運用的範圍相當的廣泛，不管是書籍、海報、電視、遊戲…等，透過影像來傳達的效果遠比文字來的快速搶眼。但是科技的進步發展相當迅速，傳統影像與數位影像都已經做了很大的變革。所謂數位影像處理技術主要是用來編輯、修改與處理靜態圖像，以產生不同的影像效果，例如使用電腦軟體來對經由掃描器、數位相機所取得的影像檔案來進行調整與編修等等。例如數位相片透過影像處理軟體的自動或半自動編修，包含各種藝術的特殊效果處理，如水彩、彩色炭筆、浮雕、拼圖、磁磚等功能，就算遇到不完美的拍攝時機，也都能創造出完美的作品。

＜數位相片的精彩編修特效＞

1-1-5 視訊

視訊（Video）泛指將一系列的靜態影像以電子訊號方式加以捕捉，並以很快的速度連續顯示在螢幕上，利用視覺暫留原理，影像會產生移動的感覺。例如電視、電影等都是視訊資料所提供的功能，也就是在拍攝時便將畫面記錄成連續的方格底片，放映時再連續快速地播放這些畫面，達成動態的效果。

在這個講究視覺體驗的年代，隨選視訊（Video on Demand，VOD）是一種能讓使用者可不受時間、空間的限制，透過網際網路直接讓客戶可以用遙控器從電視機上隨時點選使用這些視訊節目服務。例如 MOD（Multimedia On Demand，多媒體隨選視訊或數位互動電視）是由中華電信推出的多媒體視訊內容傳輸平台服務，MOD 的使用者擁有許多類型的視訊節目資訊，可以隨時按照喜好點播。

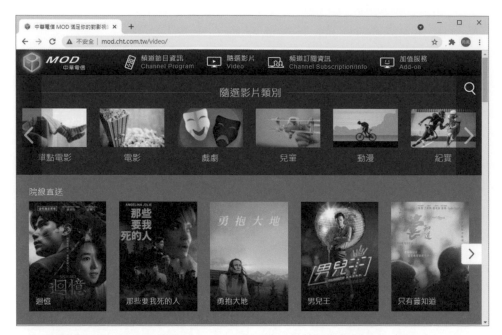

<中華電信 MOD 提供更多元化的節目欣賞>

<目前相當流行的微電影也是視訊的應用>

TIPS

隨著 4G 網路及手持行動裝置的快速普及,近年來興起一種新型態影音作品微電影(Micro film),是指一種專門運用在各種新媒體平台上播放的短片,適合在行動狀態或短時間休閒狀態下觀看的影片。

1-1-6 動畫

　　動畫快速的崛起，是讓多媒體產品成為一種新興時尚必需品的重要推手，不論是片頭動畫、動畫廣告、動畫短片、動畫電影，都為現代生活帶來炫麗無比的視覺饗宴。尤其隨著資訊科技的進展，設計者開始可以在電腦硬體平台上，利用電腦軟體將使用者之想法及創意透過螢幕表現出來，這種視覺表現之技術與編輯形式，就是一般通稱的電腦繪圖（Computer Graphic）。此外，特別是針對 3D 動畫技術的興起，3D 顯示原理就是要以人工方式來重現視差，讓眼睛產生具有「深度」的距離感。在目前 3D 動畫的製作過程中，就必須考量場景深淺，以精準地掌握雙眼視差的特性。

<電腦繪圖的興起讓動畫的製作更加精致與普遍>

1-2 多媒體新興技術的發展

　　多媒體技術發展成熟到今天，不再只是單方面的傳遞訊息而已，發展趨勢更由電腦平臺或設計專業人士的特殊工具，轉化為一般大眾的消費性數位產品，包括目前最風行的電視遊樂器、智慧型手機與平板電腦。現代多媒體的發展已經朝向更多元與創新的趨勢邁進，多媒體不再只是單方面的傳遞訊息而已。多媒體的應用包含了相片處理、導覽功能、數位學習、網路電視等，每一種都可以和使用者產生互動的效果，並根據需要來取得資訊及學習之用。由於多媒體技術已成功進入整個社會，乃至於家庭生活應用中，使得從電子科技界、資訊傳播界、專業設計業、電信業甚至於教育界和娛樂領域，無不處處充斥著它的影響力。

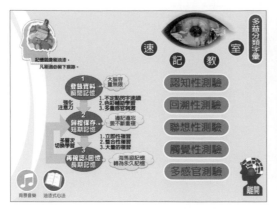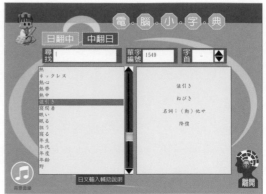

<榮欽科技推出的油漆式速記英日文光碟 >

1-2-1 電子書的興起

電子書的發展就是一種全新型態的多媒體數位化教材，電子書將各式各樣的資料數位化後，當然電子書並不是單純的將紙本的圖書數位化或電子化，還加以系統化與結構化的處理過程。電子書不僅提供印刷書籍所具備的文字、插畫、和圖片，還加入了傳統書籍所無法提供的聲音、影像、和動畫等多媒體素材。電子書現有的格式，例如 PDF、EPUB，HTML、XML、TXT、Word、EBK、DynaDoc 等，但目前因為 PDF 與 EPUB 最為普及，且具有保護文件功能，故成為市場主流。

電子書可除了可以使用電腦、平板電腦等行動裝置，或透過電子書閱讀器來瀏覽內容，還能支援影像及聲音使書本更加生動，特別是透過各電子書強大的搜尋引擎，輕易就能達到全文檢索的功用，與傳統書籍需要人工查詢的效率，簡直不可同日而語，尤其在全文檢索方面，超連結的功能還能將文字內容連結專業字典，達到即時註解的功能，讀者一次可攜帶數百本以上的書籍，具備傳統紙本書籍無法達到的便利性。當然最重要是不再依賴紙張，大大減少了木材的消耗和空間的佔用，真正符合環保的觀念。

電子書的興起也帶動了平板電腦（tablet PC）的快速普及。平板電腦（tablet PC）堪稱一種是無須翻蓋、沒有鍵盤，但擁有完整功能的迷你可攜式電腦，也是下一代移動商務 PC 的代表。可讓使用者選擇以更直覺、更人化性的手寫觸控板輸入或語音輸入模式來使用。例如 iPad 是一款蘋果公司於 2010 年 1 月 27 日發表的平板電腦，功能定位介於蘋果的智慧型手機 iPhone 和筆記型電腦產品之間。平板電腦旋風能夠席捲全球，簡單好上手是 iPad 的最大優點，蘋果 iPad 在人機介面上採用手指觸控，利用 iPad 紀錄行事曆也更輕鬆簡單，除了可以上網、查閱電子郵件、閱讀電子書和玩遊戲，更具有精準的衛星技術和豐富的街景圖庫，透過 Maps 還能輕鬆搜尋鄰

近地區的重要地標。iPad Pro 和 iOS 11 作業系統完美整合，效能更進一步提升，從最高的 60Hz 增加至 120Hz 繪圖處理，相機則為 1200 萬像素鏡頭，CPU 核心提升至 6 核處理器，讓 APP 的執行能更加迅速，全新 Dock 能讓你找到喜愛的 APP 各位玩遊戲時也會更加便利。

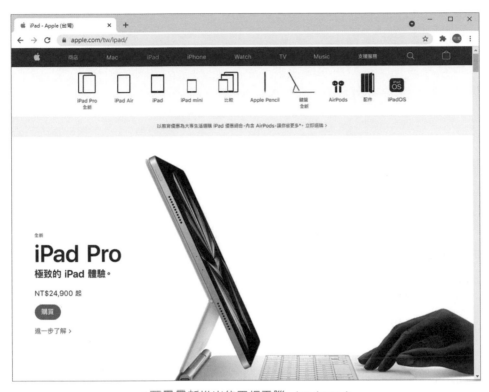

<蘋果最新推出的平板電腦 - ipad pro >

1-2-2 多媒體與行動通訊—App 的完美結合

行動裝置產業是近幾年快速成長的新興產業，西元 1990 年代後期，由諾基亞（NOKIA）製造的第一支結合電腦及行動通訊技術的行動電話誕生，開啟了行動通訊技術與多媒體技術連結的大門。從早期的類比式行動電話（Advanced Mobile Phone Service，AMPS）、數位式行動電話系統（Global System for Mobile Communication，GSM）、GPRS（General Packet Radio Service）技術，接著提出 WAP（Wireless Application Protocol）手機概念、MMS（Multimedia Messaging Service）多媒體簡訊服務，甚至於第三代行動通訊系統（3G），及後續的 3.5G/3.75G/4.0G，都說明了行動通訊為現代人最重要的通訊方式。

4G（fourth-generation）是指行動電話系統的第四代，為新一代行動上網技術的泛稱，4G 所提供頻寬更大，由於新技術的傳輸速度比 3G/3.5G 更快，傳輸速度理論

值約比 3.5G 快 10 倍以上，能夠達成更多樣化與更私人化的多媒體應用，也是 3G 之後的沿伸，所以業界稱為 4G。

LTE（Long Term Evolution，長期演進技術）則是目前最受歡迎的 4G 技術，以現有的 GSM ／ UMTS 的無線通信技術為主來發展，能與 GSM 服務供應商的網路相容，最快的理論傳輸速度可達 170Mbps 以上，例如各位傳輸 1 個 95M 的多媒體影片檔，只要 3 秒鐘就完成，除了頻寬、速度與高移動性的優勢外，LTE 的網路結構也較為簡單。目前臺灣民眾可透過臺灣電信業者申辦 4G 行動網路服務，也將與手機廠商配合，提供相對應的手機與方案。現在更有 5G 的方案出現。

隨著智慧型手機上多媒體技術的不斷進步，更帶動了 APP 的快速發展，APP 就是 application 的縮寫，也就是移動式設備上的應用程式，也就是軟體開發商針對智慧型手機及平板電腦所開發的一種應用程式，而智慧型手機 APP 市場的成功，帶動了如憤怒鳥（Angry Bird）這樣的 APP 遊戲開發公司爆紅，APP 涵蓋的功能包括了圍繞於日常生活的各項需求。

甚至於 Amazon 針對手機 APP 購物者，不但推出限定折扣優惠商品，並在優惠開始時推播提醒訊息到消費者手機，同時結合商品搜尋與自定客製化推薦設定等功能，透過各種行銷措施來打造品牌印象與忠誠度。近年來更推出智慧無人商店 Amazon Go，只要下載 Amazon Go 專屬 APP，當你走進 Amazon Go 時，打開手

機 APP 感應，在店內不論選擇哪些零食、生鮮或飲料都會感測到，然後自動加入購物車中，除了在行動平台上進行廣告外，更可以透過 APP 作為最前端的展示，甚至於等到消費者離開時手機立即自動結帳，自動從 Amazon 帳號中扣款，讓客戶免去大排長龍之苦，享受「拿了就走」的流暢快速消費體驗。

雖然Amazon Go仍需要員工進行補貨、製作食物以及客戶服務等工作，還不算是真正的無人商店，但已經是商店科技上的一大進步。

< Amazon 推出的智慧無人商店 Amazon Go >

1-2-3　多媒體資料庫

隨著資訊科技的逐漸普及與全球化的影響，企業所擁有的資料量成倍數成長，但是近年來不管是硬碟容量，還是主記憶體的大小，都在突飛猛進，例如最新推出的氦氣硬碟，採密封式設計，利用惰性氦氣來儲存，容量更可高達 10TB。傳統的資料庫通常只儲存文字或是數字資料，然而當大量多媒體資訊在電腦系統平台上出現後，資料庫模式有了急遽的改變，多媒體與資料庫系統之整合是未來資訊應用無可避免之趨勢。

所謂「多媒體資料庫」就是針對企業與組織需求，將不重覆的各種資料數位化後的檔案儲存在一起，包括各種不同形式的資料，包括文字、圖形或影音等檔案，並藉由此一資料庫所提供的功能而將我們所存放的資料加以分析與歸納。多媒體資料庫系統除了要負責管理龐大且結構複雜的多媒體資料外，還應該具有提供適當查詢介面給使用者方便有效率的擷取多媒體資料庫中資料的能力，以及傳統資料庫管理系統具有的管理功能，例如新增、刪除、更新與選擇等功能。因為這些媒體都可以用數位化的形式，很有效率的儲存、傳播和再利用，因此對許多企業組織而言是相當具吸引力的。

目前網路的雲端運算（Cloud Computing）平台，每天是以數 Quintillion（百萬的三次方）位元組的增加量來擴增，就以目前相當流行的 Facebook 為例，能夠記錄下

每一位好友的資料、動態消息、按讚、打卡、分享、狀態及新增圖片、視訊等多媒體資料，就是因為現在電腦多媒體資料庫技術已大為進步。

<臉書利用了先進的多媒體資料庫技術來儲存眾多粉絲訊息>

> **TIPS**
>
> 「雲端」其實就是泛指「網路」，「雲端運算」（Cloud Computing）的功用就是讓使用者可以利用簡單的終端設備，就能讓各種個人所需的電腦資源，分散到網路上眾多的伺服器來提供，只要跟雲端連上線，就可以存取這一部超大型雲端電腦中的資料及運算功能。

1-2-4 擴增實境（AR）與行銷

寶可夢（Pokemon Go）大概是近期行動行銷領域最熱門的話題，每到平日夜晚，各大公園或街頭巷總能看到一群要抓怪物的玩家們，整個城市都是你的狩獵場，各種神奇寶貝活生生在現實世界中與玩家互動。精靈寶可夢遊戲是由任天堂公司所發行的結合智慧手機、GPS 功能及擴增實境（Augmented Reality，AR）的尋寶遊戲，其實本身仍然是一款手遊。只不過比一般的手機遊戲多了兩個屬性：定址服

務（LBS）和擴增實境（Augmented Reality，AR），也是一種從遊戲趣味出發，透過手機鏡頭來查看周遭的神奇寶貝再動手捕抓，迅速帶起全球神奇寶貝迷抓寶的熱潮。

<全球不分老少對抓寶都為之瘋狂>

「定址服務」（Location Based Service，LBS）或稱為「適地性服務」，就是行動行銷中相當成功的環境感知的創新應用，例如提供及時的定位服務，達到更佳的個人化服務。LBS能夠提供符合個別需求及差異化的服務，使人們的生活帶來更多的便利，從許多手機加值服務的消費行為分析，都可以發現地圖、定址與導航資訊主要是消費者的首選。

　　AR 就是一種將虛擬影像與現實空間互動的技術，能夠把虛擬內容疊加在實體世界上，並讓兩者即時互動，也就是透過攝影機影像的位置及角度計算，在螢幕上讓真實環境中加入虛擬畫面，強調的不是要取代現實空間，而是在現實空間中添加一個虛擬物件，並且能夠即時產生互動。各位應該看過電影鋼鐵人在與敵人戰鬥時，頭盔裡會自動跑出敵人路徑與預估火力，就是一種 AR 技術的應用。目前 AR 運用在各產業間有著十分多元的型態，「行動擴增實境」就是目前行動領域中的熱門話題，多數做為企業行動行銷的利器，也有為數不少的廠商推出擴增實境試衣功能，可以透過手機或其他行動設備，無所不在的抓取更多動態訊息，例如各位只要透過手勢操控，每個人都可以在試衣鏡前都能體會魔法般的試衣效果，盡情試穿所有中意的服裝。

1-2-5　人工智慧與電腦視覺

　　人工智慧的概念最早是由美國科學家 John McCarthy 於 1955 年提出，目標為使電腦具有類似人類學習解決複雜問題與展現思考等能力，舉凡模擬人類的聽、說、讀、寫、看、動作等的電腦技術，都被歸類為人工智慧的可能範圍。簡單地說，人工智慧就是由電腦所模擬或執行，具有類似人類智慧或思考的行為，例如推理、規畫、問題解決及學習等能力。

　　微軟亞洲研究院曾經指出：「未來的電腦必須能夠看、聽、學，並能使用自然語言與人類進行交流。」人工智慧的原理是認定智慧源自於人類理性反應的過程而非結果，即是來自於以經驗為基礎的推理步驟，那麼可以把經驗當作電腦執行推理的規則或事實，並使用電腦可以接受與處理的型式來表達，這樣電腦也可以發展與進行一些近似人類思考模式的推理流程。

　　近幾年人工智慧的應用領域愈來愈廣泛，主要原因之一就是圖形處理器（Graphics Processing Unit，GPU）與雲端運算等多媒體關鍵技術愈趨成熟與普及，使得平行運算的速度更快與成本更低廉，我們也因人工智慧而享用許多個人化的服務、生活變得也更為便利。GPU 可說是科學計算領域的最大變革，指的是以圖形處理單元（GPU）搭配 CPU 的微處理器，GPU 則含有數千個小型且更高效率的 CPU，不但能有效處理平行處理（Parallel Processing），還可以達到高效能運算（High Performance Computing，HPC）能力，藉以加速科學、分析、遊戲、消費和人工智慧應用。

> **TIPS**
>
> 　　平行處理（Parallel Processing）技術是同時使用多個處理器來執行單一程式，借以縮短運算時間。其過程會將資料以各種方式交給每一顆處理器，為了實現在多核心處理器上程式性能的提升，還必須將應用程式分成多個執行緒來執行。
>
> 　　高效能運算（High Performance Computing，HPC）能力則是透過應用程式平行化機制，就是在短時間內完成複雜、大量運算工作，專門用來解決耗用大量運算資源的問題。

　　例如電腦視覺（Computer Version，CV）是一種利用人工智慧（AI）研究如何使機器「看」的系統，讓機器具備與人類相同的視覺，以做為產品差異化與大幅提升系統智慧的手段。例如國外許多大都市的街頭紛紛出現了一種具備 AI 功能的數位電子看板，會追蹤路過行人的舉動來與看板中的數位廣告產生互動效果，透過人臉辨識來偵測眾人臉上的表情，由 AI 來動態修正調整看板廣告所呈現的內容，即時把最能吸引大眾的廣告模式呈現給觀眾，並展現更有說服力的行銷創意效果。

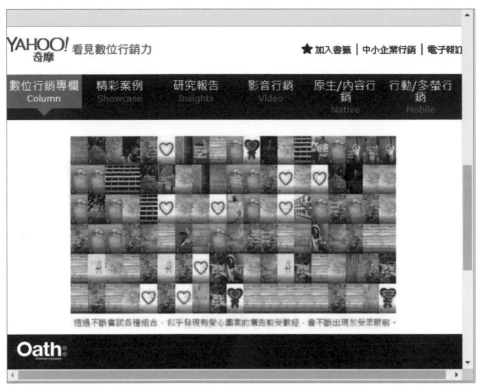

<透過人工智慧來找出數位看板廣告最佳組合>

1-2-6 響應式網頁設計（RWD）

隨著行動交易方式機制的進步，全球行動裝置的數量將在短期內超過全球現有人口，在行動裝置興盛的情況下，24 小時隨時隨地購物似乎已經是一件輕鬆平常的消費方式，客戶可能會使用手機、平板等裝置來瀏覽你的網站，消費者上網習慣的改變也造成企業行動行銷的巨大變革，如何讓網站可以跨不同裝置與螢幕尺寸順利完美的呈現，就成了網頁設計師面對的一個大難題。

<相同網站資訊在不同裝置必需顯示不同介面，以符合使用者需求>

電商網站的設計當然會影響到行動行銷業務能否成功的關鍵，一個好的網站不只是局限於有動人的內容、網站設計方式、編排和載入速度、廣告版面和表達形態都是影響訪客抉擇的關鍵因素。因此如何針對行動裝置的響應式網頁設計（Responsive Web Design，RWD），或稱「自適應網頁設計」，讓網站提高行動上網的友善介面就顯得特別重要，因為當行動用戶進入你的網站時，必須能讓用戶順利瀏覽、增加停留時間，也方便的使用任何跨平台裝置瀏覽網頁。

響應式網頁設計最早是由 A List Apart 的 Ethan Marcotte 所定義，因為 RWD 被公認為是能夠對行動裝置用戶提供最佳的視覺體驗，原理是使用 CSS3 以百分比的方式來進行網頁畫面的設計，在不同解析度下能自動去套用不同的 CSS 設定，透過不同大小的螢幕視窗來改變網頁排版的方式，讓不同裝置都能以最適合閱讀的網頁格式瀏覽同一網站，不用一直忙著縮小放大拖曳，給使用者最佳瀏覽畫面。

< RWD 設計的電腦版與手機版都是使用同一個網頁 >

過去當我們使用手機瀏覽固定寬度（例如：960px）的網頁時，會看到整個網頁顯示在小小的螢幕上，想看清楚網頁上的文字必須不斷地用雙指在頁面滑動才能拉近（zoom in）順利閱讀，相當不方便。由於響應式設計的網頁只需要製作一個行動

網頁版本，但是它能順應不同的螢幕尺寸重新安排網頁內容，完美的符合任何尺寸的螢幕，並且能看到適合該尺寸的文字，因此使用者不需要進行縮放，大大提昇畫面的可瀏覽性及使用介面的親和度。

1-3 多媒體輸出入設備

多媒體產品的設計過程之中，一定都會需要使用到如影像、圖形、音樂、視訊、動畫等相關資料，這時候就要藉助一些設備的幫忙來取得。如數位相機及掃描器用於取得影像資料，攝影機用於取得影片資料等。當多媒體設計完成後，也一定要能夠輸出、展示及發佈。如液晶投影機、電視等都是最普及的輸出工具。所謂「工欲善其事，必先利其器」，本節中我們將詳細說明常見的多媒體相關輸出入設備。

1-3-1 CPU

中央處理器（CPU）的角色就像電腦的大腦一般，CPU 主要負責整個電腦系統各單元間資料傳送、運作控制、算術運算（例如四則運算）與邏輯運算的執行。CPU 內部也有一個像心臟一樣的石英晶體，CPU 工作時必須要靠晶體振盪器所產生的脈波來驅動，稱為系統時間（System Clock），也就是利用有規律的跳動來掌控電腦的運作。CPU 產品大都採取 64 位元的架構，並且工作時脈也都在 2GHz 以上。多核心架構是 CPU 發展的趨勢，也就是使用更多的 CPU 來處理電腦的工作。例如在同一晶片內放進兩個處理器核心，讓相同體積的 CPU 晶片，可以容納兩倍的運算能力，並且在單一晶片上使用兩個核心來分擔工作量，可避免資源閒置，有效運用資源，更提高了數位娛樂應用領域的效能。

1-3-2 RAM

一般所稱的「記憶體」，通常是指 RAM（隨機存取記憶體）。RAM 中的每個記憶體都有位址（Address），CPU 可以直接存取該位址記憶體上的資料，因此存取速度很快。RAM 可以隨時讀取或存入資料，不過所儲存的資料會隨著主機電源的關閉而消失。RAM 根據用途與價格，又可分為「動態記憶體」（DRAM）和「靜態記憶體」（SRAM）。一般說來，DRAM 的速度較慢，必須保持持續性的充電狀態，但價格低廉可廣泛使用，至於 SRAM 存取速度較快，但由於價格較昂貴，不需要週期性充電來保存資料，一般被採用作為快取記憶體。

RAM 技術的進展一直伴隨著電腦的發展腳步而提升，SDRAM 全名為同步動態隨機存取記憶體（Synchronous DRAM），作用是讓 DRAM 內部的工作時脈和主機板同步，進而提高存取的速度。各位在購買記憶體時要特別注意主機板上槽位，不同的 DDR 系列，插孔的位置也不同，筆電與桌電的記憶體大小不同，但同樣也有 DDR1、DDR2、DDR3、DDR4，耗電量則為 DDR1 最大，DDR4 最小，未來將會出現的 DDR 5 的記憶體頻寬與密度為現今 DDR 4 的兩倍，提供更好的通道效率。

1-3-3 顯示卡

顯示卡是各位能否享受多媒體作品的最重要設備之一，顯示卡（Video Display Card）負責接收由記憶體送來的視訊資料再轉換成類比電子訊號傳送到螢幕，以形成文字與影像顯示之介面卡，顯示卡的好壞當然影響遊戲的品質。顯示卡性能的優劣與否主要取決於所使用的顯示晶片，以及顯示卡上的記憶體容量，記憶體的功用是加快圖形與影像處理速度，通常高階顯示卡，往往會搭配容量較大的記憶體。

< ASUS 顯示卡 >

1-3-4 音效卡

音效卡（Sound Card）的主要功能是將電腦所產生的數位音訊轉換成類比訊號，然後傳送給喇叭來輸出聲音。一般音效卡不僅有輸出音效的功能，也包含其他連接埠來連接其他的影音或娛樂設備，如 MIDI、搖桿、麥克風等。音效卡的型式主要以

PCI 介面卡為主，不過有不少音效卡，已經直接內建到主機板上，不需要另外再安裝音效卡。

1-3-5 螢幕

螢幕的主要功能是將電腦處理後的資訊顯示出來，以讓使用者了解執行的過程與最終結果，因此又稱為「顯示器」。螢幕最直接的區分方式是以尺寸來分類，顯示器的大小主要是依照正面對角線的距離為主，並且以「英吋」為單位。

液晶顯示器（Liquid Crystal Display，簡稱 LCD），原理是在兩片平行的玻璃平面當中放置液態的「電晶體」，而在這兩片玻璃中間則有許多垂直和水平的細小電線，透過通電與不通電的動作，來顯示畫面，因此顯得格外輕薄短小，而且具備無輻射、低耗電量、全平面等特性。

選購液晶螢幕時，除了個人的預算考量外，包括可視角度（Viewing Angle）、亮度（Brightness）、解析度（Resolution）、對比（Contrast Ratio）等都必須列入考慮。另外「壞點」的程度也必須留意，由於液晶螢幕是由許多細小的液晶發光點所組成，如果某個光點損壞，該處就會出現一個過亮或過暗的點，就稱為「壞點」，「壞點」會讓螢幕顯示的品質大受影響。

1-3-6 硬碟機

硬碟（Hard Disk）是目前電腦系統中主要的儲存裝置，包括一個或更多固定在中央軸心上的圓盤，像是一堆堅固的磁碟片。每個圓盤上面都佈滿了磁性塗料，而且整個裝置被裝進密室內。對於各個磁碟片（或稱磁盤）上編號相同的單一的裝置。讀取資料時，藉由磁盤的轉動，而發生感應電流，藉由感應電流的不同，就可以讀取磁盤上所記錄的資料。

目前市面上販售的硬碟尺寸，是以內部圓型碟片的直徑大小來衡量，常見的 3.5 吋與 2.5 吋兩種。其中 2.5 英吋，多用於筆記型電腦及外置硬碟盒中，個人電腦幾乎都是 3.5 吋的規格，而且儲存容量在數百 GB 到數 TB 之間，且價格相當便宜。一般說來，硬碟傳輸介面可區分為 IDE、SCSI 與 SATA 三種規格的話，目前主流為 IDE 跟 SATA，其中 SATA（Serial ATA）匯流排介面是採用序列式資料傳輸而得名，計畫用來取代 EIDE（Enhanced IDE）的新型規格，除了傳輸率的優勢外，又可支援熱拔插，並具備高速、低壓的省電規格。

固態式硬碟（Solid State Disk, SSD）是一種最新的永久性儲存技術，屬於全電子式的產品，完全沒有任何一個機械裝置，重量可以壓到硬碟的幾十分之一，規格有 SLC 與 MLC 兩種，SSD 主要是透過 NAND 型快閃記憶體加上控制晶片作為材料製造而成，跟一般硬碟使用機械式馬達和碟盤的方式不同，沒有會轉動的碟片，也沒有馬達的耗電需求。SSD 硬碟除了耗電低、重量輕、抗震動與速度快外，自然不會有機械式的往復動作所產生的熱量與噪音。

1-3-7 滑鼠

滑鼠是另一種主要的輸入工具，它的功能在於產生一個螢幕上的指標，並能讓各位快速的在螢幕上任何地方定位游標，而不用使用游標移動鍵，您只要將指標移動至螢幕上所想要的位置，並按下滑鼠按鍵，游標就會在那個位置，這稱為定位（Pointing）。

早期的「機械式滑鼠」靠著滑鼠移動帶動圓球滾動，由於圓球抵住兩個滾軸的關係，也同時捲動了滾軸，電腦便以滾軸滾動的狀況，精密計算出游標該移動多少距離。「光學式滑鼠」則完全捨棄了圓球的設計，而以兩個 LED（發光二極體）來取代。

隨著使用者的要求越來越高，目前市面上也推出了滾輪滑鼠、光學滑鼠、無線滑鼠、軌跡球、軌跡板等功能與造型特殊的變形滑鼠設備。其中無線滑鼠是使用紅外線、無線電或藍牙（Bluetooth）取代滑鼠的接頭與滑鼠本身之間的接線，不過由於必須加裝一顆小電池，所以重量略重。

<無線滑鼠外觀圖>   <羅技的軌跡球造型新穎好看>

軌跡球看起來有點像顛倒的滑鼠的指向裝置。只將拇指放在曝露球體之上，其它手指則放在按鈕上，想在螢幕上到處移動指標，就請用拇指滾動該球體。軌跡球受到歡迎主要是膝上型電腦的到來，它最常使用在膝上或工作區沒有足夠放滑鼠的表面。

1-3-8 數位相機

數位相機與傳統相機的最大不同之處,是傳統相機用來記錄影像的膠捲底片,必須透過化學處理的方式來顯相。而數位相機則是一種藉由感光晶片將光影明暗度轉換為數位訊號的相機,如此一來可以減少資源浪費,對環保是一大貢獻,在拍攝後亦可以立即藉由液晶螢幕觀看成果,不須等待沖印的時間。

數位相機主要以 CCD 感光元件來進行拍攝,CCD 的判斷原理是以圖形中心相鄰的亮度區域為基準,沿著分界線,相鄰像素之間會有低反差情形。因此「像素」(Pixel)的多寡,便直接影響相片輸出的解析度與畫質。原則上像素越大,畫質越精細,但像素多寡可不一定代表畫質的好壞,高畫素可以較容易透過裁切重新構圖,但也很容易浪費記憶卡容量。

數位相機所拍攝的影像主要是儲存在記憶卡中,可以重覆使用。購買數位相機時,必須考慮影像解析度、相機鏡頭、液晶顯示幕、相片記憶卡等四項因素,如果要拍攝更多的相片,則必須選購可擴充記憶體儲存容量的機型。建議各位可以從選擇自己較為信任的品牌開始,通常類似傳統相機的單眼型相機體積較大,但拍出來的畫質較好。攜帶型相機則相當輕巧,方便操作。

1-3-9 喇叭

好的喇叭對於多媒體音效的呈現效果,絕對有重要的影響。喇叭主要功能是將電腦系統處理後的聲音訊號,在透過音效卡的轉換後將聲音輸出,這也是多媒體電腦中不可或缺的週邊設備。早期的喇叭僅止於玩遊戲或聽音樂 CD 時使用,不過現在通常搭配高品質的音效卡,不僅將聲音訊號進行多重的輸出,而且音質也更好,種類有普通喇叭、可調式喇叭與環繞喇叭。

< ViewSonic 出品的頂級喇叭 >

1-3-10 麥克風

　　麥克風連接電腦後能將聲音轉換成數位訊號，現今努力的目標在於人類語言的辨識上，據大多數專家估計，麥克風是最有可能成為下一代電腦的主要輸入工具。另外利用人工智慧的學習功能，電腦經由語音辨識系統軟體辨別麥克風所輸入的聲音，轉換成電腦所了解的二進位碼，可以降低鍵盤的使用率，目前已經發展出連續語音辨識技術。

＜麥克風外觀圖＞

1-3-11 視訊攝影機

　　視訊攝影機（Webcam）是一種新興的輸入設備，搭配視訊軟體，近年來因為網路寬頻的發展帶動了網路視訊的風潮，只要在網路兩方的電腦上安裝視訊攝影機與麥克風，就可以讓相隔兩地的人彼此面對面交談與溝通，或者也能將這些設備輸出的類比訊號，轉錄到電腦中成為數位型態的視訊檔案。

＜羅技出品的優質視訊攝影機＞

大話文字媒體的
魔幻魅力

「文字」是最早出現的媒體型式，甚至可以追溯到數千年前文字發明的時期。人們利用文字來傳遞或交換訊息，例如書信往返就是一個明顯的例子。後來在進入資訊化社會以後，開始將平常在紙張上書寫的文字內容輸入到電腦中，以讓電腦來協助處理這些文字媒體。

<不同文字字體的整合成果>

由於電腦具有儲存容量大與可重複編輯的特性，使得電腦使用者更習慣於將文字內容輸入到電腦中，然後在編輯後進行儲存及輸出，也就是讓原本屬於人工處理的紙上作業邁向自動化或數位化，進而提高作業效率與降低作業成本。

2-1 數位資料處理內涵

我們知道電腦中所能儲存的最小基本單位（儲存 0 或 1）稱為 1 位元（bit），而這種只有 "0" 與 "1" 兩種狀態的系統，我們稱為「二進位系統」（Binary System）。不過因為電腦所處理的資料相當龐大，一個位元不夠使用，所以又將八個位元組合成一個「位元組」（byte）。例如一般的英文字母、數字或標點符號（如 +、－、A、B、%）都可由一個位元組來表示。

2-1-1 內碼簡介

由於電腦中的符號、字元或文字是以「位元組」（byte）為單位儲存，因此必須逐一轉換成相對應的內碼，然後電腦才能夠明瞭使用者所下達的指令，這就是編碼系統（Encoding System）的由來。

例如當各位讀者在操作電腦時，只要按下鍵盤上的鍵，即可立刻顯示代表的字母與符號。事實上，當您利用鍵盤輸入資料時，無論是數字或字元資料，電腦都會將其轉換成二進位形式，並以二進位內碼來儲存。

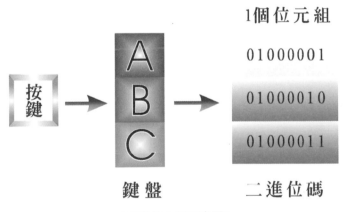

<二進位內碼示意圖>

在此種情形下，美國標準協會（ASA）提出了一組以 7 個位元（Bit）為基礎的「美國標準資訊交換碼」（American Standard Code for Information Interchange，ASCII）碼，來做為電腦中處理文字的統一編碼方式，是目前最普便的編碼系統。

ASCII 採用 8 位元表示不同的字元，不過最左邊為核對位元，故實際上僅用到 7 個位元表示。也就是說，ASCII 碼最多可以表示 $2^7 = 128$ 個不同的字元，可以表示大小英文字母、數字、符號及各種控制字元。例如 ASCII 碼的字母 "A" 編碼為 1000001，字母 "a" 編碼為 1100001：

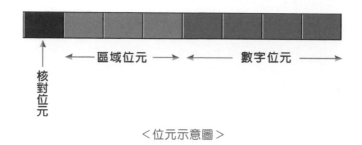

<位元示意圖>

128	Ç	144	É	160	á	176	░	193	┴	209	╤	225	ß	241	±
129	ü	145	æ	161	í	177	▒	194	┬	210	╥	226	Γ	242	≥
130	é	146	Æ	162	ó	178	▓	195	├	211	╙	227	π	243	≤
131	â	147	ô	163	ú	179	│	196	─	212	╘	228	Σ	244	⌠
132	ä	148	ö	164	ñ	180	┤	197	┼	213	╒	229	σ	245	⌡
133	à	149	ò	165	Ñ	181	╡	198	╞	214	╓	230	µ	246	÷
134	å	150	û	166	ª	182	╢	199	╟	215	╫	231	τ	247	≈
135	ç	151	ù	167	º	183	╖	200	╚	216	╪	232	Φ	248	°
136	ê	152	_	168	¿	184	╕	201	╔	217	┘	233	⊕	249	∙
137	ë	153	Ö	169	_	185	╣	202	╩	218	┌	234	Ω	250	·
138	è	154	Ü	170	¬	186	║	203	╦	219	█	235	δ	251	√
139	ï	156	£	171	½	187	╗	204	╠	220	▄	236	∞	252	ⁿ
140	î	157	¥	172	¼	188	╝	205	=	221	▌	237	φ	253	²
141	ì	158	_	173	¡	189	╜	206	╬	222	▐	238	ε	254	■
142	Ä	159	ƒ	174	«	190	╛	207	╧	223	▀	239	∩	255	
143	Å	192	└	175	»	191	┐	208	╨	224	α	240	≡		

< ASCII 碼擴充字元集的十進位代碼與圖形字 >

雖然這些 ASCII 碼能夠讓不同的作業系統來進行英文文數字編碼的轉換，但是在不同國家、地區所使用的文字也不盡相同。另外由於 ASCII 碼字最多僅能產生 256 個字元，而我們所使用的中文字字數眾多，所以無法使用一個位元組來代表一個中文字碼，而必須至少使用兩個位元組來表示，因為可表示 $2^{16} = 65536$ 個字型。

例如在台灣所使用的繁體中文字型，主要是採取 Big-5 的編碼格式，Big-5 碼又稱為「大五碼」，是資策會在 1985 年所公佈的一種中文字編碼系統。它主要是採用兩個字元組成一個中文字的方式來編碼。因為 Big-5 碼的組成位元數較多，相對地字集中也包含了較多的字元。在大陸所使用的簡體中文，卻是 GB 的編碼格式。因此如果這些文字內碼無法適當地進行轉換，就會顯示成亂碼的模樣。

< GB 編碼的大陸網站會顯示成亂碼的模樣 >

2-1-2 Unicode 碼

由於全世界有許多不同的語言，甚至於同一種語言（如中文）都可能有不同
的內碼。在此，我們還要特別介紹一種萬國碼技術委員會（Unicode Technology
Consortium，UTC）所制定做為支援各種國際性文字的 16 位元編碼系統－ Unicode
碼（或稱萬國碼）。在 Unicode 碼尚未出現前，並沒有一個編碼系統可以包含所有的
字元，例如單單歐洲共同體涵蓋的國家，就需要好幾種不同的編碼系統來包括歐洲
語系的所有語言。

尤其不同的編碼系統可能使用相同的數碼（Digit）來表示相同的字元，這時就
容易造成資料傳送時的損壞。而 Unicode 碼的最大好處就是對於每一個字元提供了
一個跨平台、語言與程式的統一數碼，它的前 128 個字元和 ASCII 碼相同，目前可支
援中文、日文、韓文、希臘文⋯等國語言，同時可代表總數達 2^{16}=65536 個字元，因
此您有可能在同一份文件上同時看到日文與泰文。

事實上，Unicode 跟其它編碼系統不同的地方，在於字表容納的總字數。例如
國內有許多人取了「電腦打不出來」的名字，好比知名歌手陶吉吉、總統府秘書
長游錫方方土，原因就是 BIG5 碼只能表示 13000 個左右的中文字，如果能夠支援
Unicode 碼，就不會有這樣的問題了。

2-2 文字字型及文字特效

　　所謂字型，就是指文字表現的風格和式樣。以中文字而言，是相當具有美感與創意，而中文字型就是漢字作為文字被人們所認識的圖形。而字體就是由數量粗細不同的點和線所構成的骨架。例如各位耳熟能詳的粗體、斜體、細明體、標楷體等。對於不同場合的文件內容，我們必須選擇合適的字體，才能將文件的感覺表達的恰如其分。

< 多元的漢字字體還可做為節慶時的裝飾品 >

　　至於文字的字型型態，通常可區分為「點陣字」與「描邊字」兩種類型。我們將分別介紹如下。

2-2-1 點陣字

　　點陣字主要是以點陣圖案的方式來構成文字，也就是說，是一種採用圖形格式（Paint-Formatting）的電腦文字來表示文字外型。例如一個大小為 24*24 的點陣字，實際上就是由長與寬各為 24 個黑色「點」（Dot）所組成的一個字元。

　　因此如果將一個 16*16 大小的點陣字放大到 24*24 的大小，那麼在這個字元的邊邊，就會出現鋸齒狀失真的現象。

< 點陣字放大後，會出現鋸齒狀 >

2-2-2 描邊字

　　「描邊字」則是採用數學公式計算座標的方式來產生電腦文字。因此當文字被放大或縮小時，只要改變字型的參數即可，而不會出現失真的現象。目前字型廠商所研發的字型集大都屬於此類型，例如華康字型、文鼎字型…等。

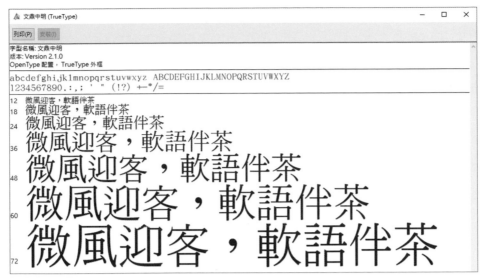

<描邊字型即使放大也不會失真>

2-2-3 字型設定功能

早期圖形使用者介面作業系統還不發達時,個人電腦作業系統大都採用文字介面的 DOS 作業系統,一般使用者幾乎都是利用如「PE2」或「漢書」這類的文字排版系統來處理文字媒體。但是在 GUI(圖形化使用者介面)系統發達的今日,使用者早已經改用如 Word 這種操作簡便且功能強大的文書編輯軟體,來處理文字媒體及排版。

在此我們將介紹 Word 中字型設定功能。請開啟的「字型」視窗,還可以進行更多的字型變化。「字型」設定視窗如下圖所示:

<字型設定功能>

例如強調標記顧名思義就是為了強調某一段文字的重要性，或是需要斟酌修改的文句都可以使用「強調標記」。除了類似的效果不能同時選取外（如刪除線與雙刪除線），您可以同時選用幾種不同的文字效果，來妝點文字的外觀。如果切換到「進階」標籤頁中，那麼還可以設定字元與字元間的距離。

這裡可調整文字的縮放比例，預設值為 100%

這裡可調整字元與字元間的距離

<字元間距設定>

2-2-4 文字藝術師功能

一份只有文字的文件會顯得相當單調，加上五顏六色的包裝，才會吸引閱讀者的目光。Word 中還提供了多變化的文字造型設計，稱為文字藝術師。文字藝術師是一種將輸入的文字，轉換為圖形物件的功能。它提供多種特殊風格的藝術文字供您選用。各位可執行「插入 / 文字藝術師」指令，啟動「文字藝術師」視窗。

❶ 點選樣式

❷ 顯示預設的文字框

當您套用的樣式不如預期，或是想修正文字，此時，請別急著重新建立文字藝術師物件，只要透過「圖形格式」進行變更即可。

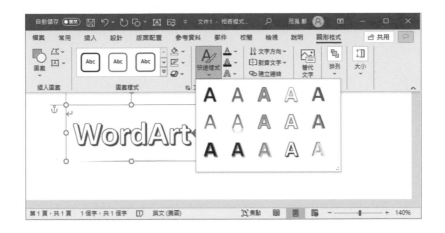

 ## 2-3 跨平台電子格式文件

由於文件交換牽涉各組織有不同版本與作業系統的問題，不同的字型編碼及樣式，在不同的電腦系統或作業環境下，會產生不同的顯示結果，甚至無法顯示。因此後來發展出跨平台的電子文件格式，利用軟體技術將文件轉換成統一的格式，並且透過專屬的檢視軟體，就能夠檢視到文件原始的模樣，而不必擔心系統或字型的問題，目前此種電子文件格式，以 PDF 格式最為普遍。

透過此工具列可以檢視文件、縮放文件、列印、儲存

所謂 PDF（Portable Document Format）是一種可攜式電子文件，不論使用何種電腦平台或應用軟體編輯的文件，幾乎都可轉換成 PDF 格式互通使用。Adobe PDF 文件為壓縮檔案，檔案本身即包含有文件版面的編排資訊，例如文件的格式、字體、顏色、圖形等，網路下載後即可雙按文件來讀取 PDF 文件，然後讓瀏覽者逐頁翻看。

2-4 電子書製作最簡單秘訣

「電子書」指的是數位化的圖書，它是以電子檔的形式呈現圖書內容，可在個人電腦、平板電腦或手機上閱讀。它的好處是節省紙張成本與存放空間，攜帶方便，售價相對比實體書籍便宜許多，且能呈現多元化的內容，因此漸漸改變了現代人的閱讀習慣，相當受到年輕族群的喜歡。

通常電子書輸出的檔案格式有三種：Word、PDF、EPub。Word 和 PDF 大家都很熟悉，以 PDF 文件來說，你在 Word 中所設定版面大小、文字色彩、樣式，在輸出成 PDF 格式後的樣貌是完全相同。而 EPub 格式的電子書能讓閱讀者自行決定字體大小，閱讀器會依照閱讀者的設定自動重新排版文件，所以版面編排較複雜的文件，或是以圖片居多的文件，就不適合轉換成 EPub 的格式，建議使用 PDF 格式會比較恰當。

> **TIPS**
>
> **EPub 檔案**：EPub 檔案是 Electronic Publication（電子出版物）的縮寫，屬於開放使用的電子書檔案格式，此格式可同時支援內嵌的檔案，像是 GIF、PNG、JPG 等影像。下載的 EPub 檔案可在智慧型手機、平板電腦或電腦上透過電子書閱讀器來閱覽電子書籍。

在電子書的平台方面，Pubu 電子書城是台灣最大的電子書平台，目前擁有十多萬冊的電子書，它支援 Word、PDF、Epub 三種格式，相對於一些電子書平台會要求作者必須先將電子書轉換成 Epub 格式才能進行上傳的動作，Pubu 電子書的出版可以省卻很多麻煩。

Google Play 圖書算是全球數一數二的電子書中心，它的電子書量多達五百萬冊以上，所以各種語言的電子書籍都可以在此找到，它主要使用 PDF 和 Epub 兩種格式。其他像是亞馬遜書店（Amazon Books）、博客來電子書、Readmoo、樂天 Kobo 電子書等，都是較知名電子書平台，每個平台都有各自的優缺點，而 Epub 是所有電子書平台都支援的格式，多數的電子書閱讀器均可開啟 Epub 檔案。

2-4-1 將 Word 文件轉換成 Epub 格式

想將 Word 文件轉換成 Epub 格式，各位可以使用 AnyConv 線上轉檔，網址為：https://anyconv.com/tw/word-zhuan-epub/ 。它的使用方法很簡單，只要選擇要轉換的 Word 文件，按下「轉換」鈕開始轉換，完成後再下載 Epub 文件至個人電腦上，這樣就搞定了！

利用此網站進行線上轉檔是相當安全的，因為只有你才可以使用，而且 1 小時後所有文件會自動從 AnyConv 的服務器中刪除。要注意的是 Word 文件的檔案量不可超過 100 MB，且複雜的版式較不適合轉成 Epub 格式。轉換的方式如下：

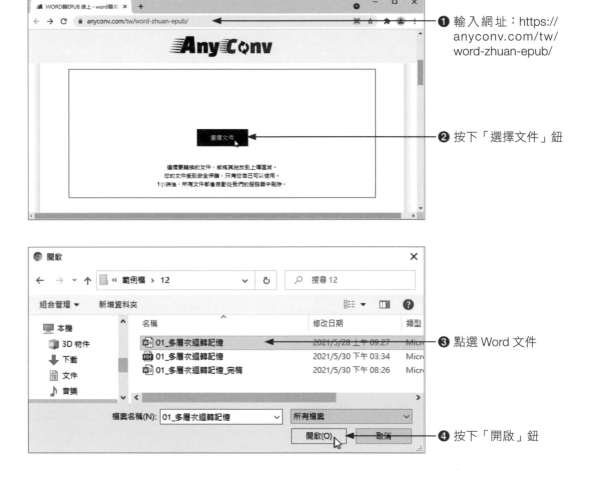

❶ 輸入網址：https://anyconv.com/tw/word-zhuan-epub/

❷ 按下「選擇文件」鈕

❸ 點選 Word 文件

❹ 按下「開啟」鈕

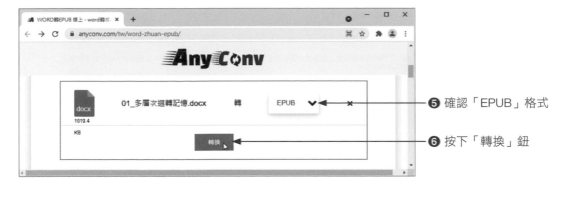

❺ 確認「EPUB」格式

❻ 按下「轉換」鈕

❼ 檔案轉換完成，按此鈕下載檔案

完成下載之後，就可以在你的「下載」資料夾中看到檔案了！

將 Word 文件轉換成 Epub 格式的步驟並不難，但是轉換完成後最好仔細檢查一下電子書的內容是否正確。像是標題或目錄的格式是否正確，內文或圖片是否正確顯示，以及版面配置是否會跑掉…等等，都是在轉換成 Epub 檔案後要注意的重點，否則整個電子書會亂掉，甚至無法上架喔！

特別注意的是，如果你所編排的 Word 文件，最終目的是作為電子書的出版，那麼文件中的插圖最好是使用 GIF、PNG、JPG 等影像格式，如果選用印刷出版常用的 TIF 格式，屆時插圖可能無法正確顯示。如下圖所示，便是 Word 文件中使用 TIF 圖檔，在轉換成 EPub 格式後，Calibre 電子書閱讀器中無法正常顯示的畫面。

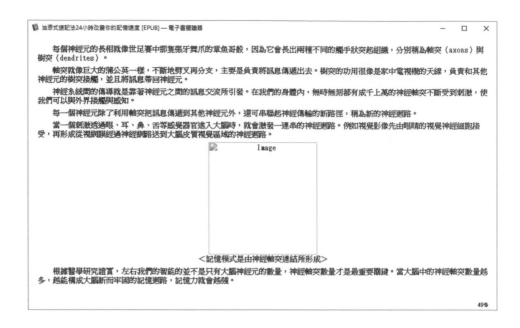

TIPS

PDF 轉 EPub 格式：輸出成 PDF 的文件也可以輕鬆利用 CleverPDF 將文件轉換成 Epub 電子書，只要選取文件，上傳後按下「開始轉換」鈕，再將轉好的文件進行「下載」就可完成。網址：https://www.cleverpdf.com/zh-tw/pdf-to-epub

2-4-2 從電腦上檢視 Epub 檔

Word 文件或 PDF 文件轉換成 Epub 檔案後，由於 Epub 必須透過電子書的閱讀器才能讀取內容，如果你想在電腦上觀看電子書，可下載一些免費的程式來開啟 Epub 檔。像是 Calibre 是大家比較常用的電子書觀看軟體，Calibre 不僅是免費的，可支援 Windows、Mac 和 Linux，而且是中文介面，使用起來比較沒有語言的障礙，在其官方網站即可下載軟體。網址：https://calibre-ebook.com/

按此鈕下載軟體

軟體下載安裝後，由桌面上點選「calibre - E-book management」 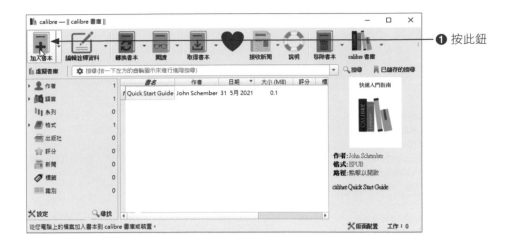 圖示鈕，就可以將 Epub 檔案加入進來和進行檢查。

❶ 按此鈕

❷ 點選 Epub 檔案

❸ 按此鈕開啟檔案

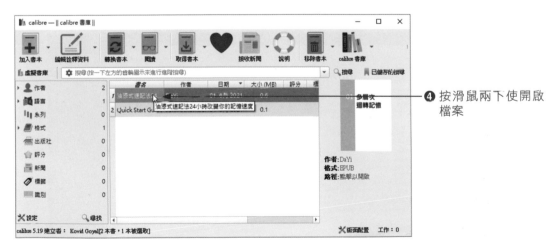

❹ 按滑鼠兩下使開啟檔案

❺ 透過左右兩側的黑色箭頭，或是利用鍵盤的向左／向右按鍵，即可閱讀電子書的內容

2-4-3 使用 Issuu 將文件轉為 Flash 電子書

Issuu（網站網址：http://issuu.com/）是一個提供免費線上閱讀書籍和上傳電子書服務的網站，它可以讓你將 DOC、PDF、PPT、RTF…等文件轉換成動態的電子書形式。檔案量只要在 100 MB 之內，頁數不超過 500 頁，就可以允許上傳。上傳的 Flash 電子書可以全螢幕的方式來瀏覽，切換到下一頁時也會顯示動態的翻頁效果。

✪ 全螢幕顯示

⭐ 動態翻頁效果

　　各位必須是 issuu 的會員，才能使用該網站所提供的功能來轉換文件成為電子書，如果還不是 issuu 網站的會員，就必須先申請帳號。請開啟瀏覽器，並輸入 issuu 的網址。（http://issuu.com/）

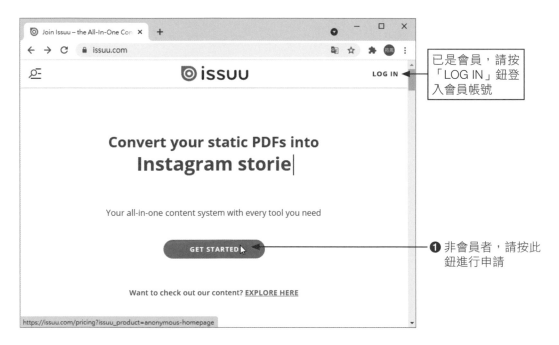

已是會員，請按「LOG IN」鈕登入會員帳號

❶ 非會員者，請按此鈕進行申請

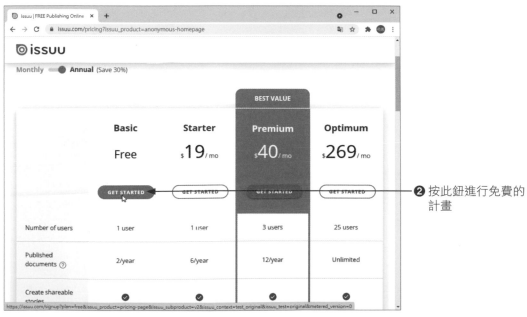

❷ 按此鈕進行免費的計畫

要申請 issuu 的帳號,首先要輸入個人的姓名、電子郵件信箱(Email)、密碼(Password)、使用者名稱,再按下「SIGN UP」鈕提交資料,你也可以使用個人的 Google 帳號或 Facebook 帳號進行登入申請。

新手由此進行會員申請

輸入相關資料後,issuu 會透過電子郵件寄發一組確認碼給你,輸入確認碼就能完成帳號的申請。

✪ 上傳文件

成為會員並進入個人帳戶後,使用拖曳方式將已完成的 PDF 文件放入虛線的方框中,另外在頁面下方輸入電子書的相關資料,最後按下「PUBLISH NOW」鈕就能完成電子書的出版。

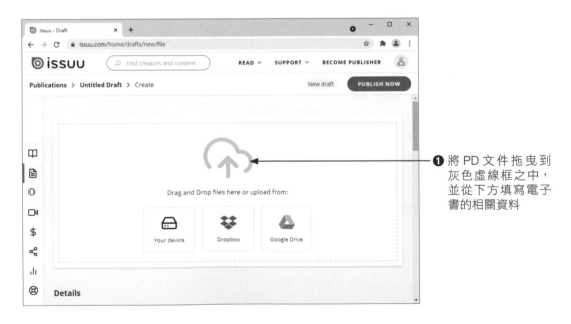

❶ 將 PD 文件拖曳到灰色虛線框之中,並從下方填寫電子書的相關資料

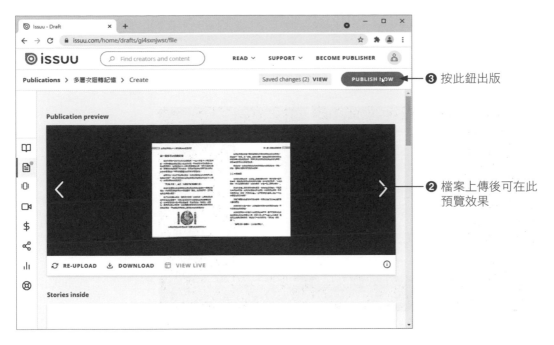

❸ 按此鈕出版

❷ 檔案上傳後可在此
預覽效果

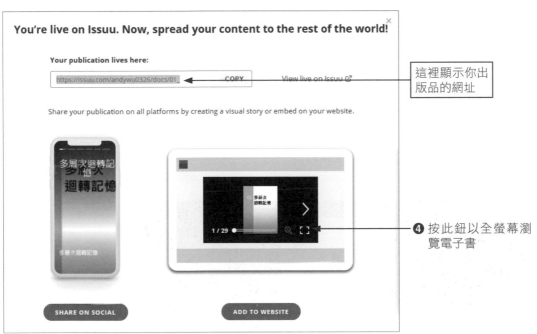

這裡顯示你出
版品的網址

❹ 按此鈕以全螢幕瀏
覽電子書

❺ 透過左右兩個箭頭鈕，就能看到動態的電子書

2-4-4 將 Issuu 電子書分享至社群

在 issuu 的個人帳戶中所上傳的電子書籍都可以進行分享，在全螢幕的瀏覽狀態下，由左下角按下「SHARE」鈕會看到如圖的快顯視窗，選擇要分享封面或是指定的頁面，再選擇要分享的社群或電子郵件即可。

TIPS

登出 issuu 帳戶：出版物上傳至 issuu 網站後，如果要登出個人的帳戶，請按下網頁右上方的 👤 鈕，再下拉選取「Log Out」指令。

Designed by pikisuperstar / Freepik

深入影像媒體領域的
輕課程

日常生活中，各位隨處可以見到許多的照片、圖案、海報，還有電視畫面，早期這些影像畫面都需要專業的技術人員才能夠處理，現在由於科技的進步，耗時、繁瑣又精緻的畫面效果都可以透過電腦來幫忙處理，讓許多對「美」有興趣的人，都可以藉由輕鬆的學習，輕鬆做出專業的影像效果。

<電腦處理後的菜單、卡片、海報等影像媒體>

3-1 數位影像大家談

現代影像處理技術主要是用來編輯、修改與處理靜態圖像，以產生不同的影像效果。例如將圖片或照片等資料，利用電腦與周邊設備（如掃描器、數位相機）將其轉換成數位化資料影像，數位化的管道很多，例如以下方式：

◆ 使用掃描器掃描照片、文件、圖片等，並將其轉為數位影像。

◆ 使用數位相機或智慧型手機直接取得動態影像，再使用電腦加以編修。

◆ 對於一般錄影帶、VCD、DVD 的動態影像，還可利用影像擷取卡轉為數位影像。

◆ 使用電腦繪圖軟體設計圖案,再利用影像處理軟體加以編修,最後可在電腦上呈現數位化的影像檔。

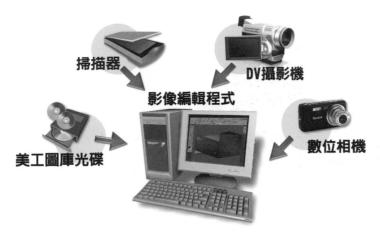

＜圖檔來源可透過相機、攝影機、掃描器或光碟等外來方式取得＞

電腦螢幕的顯像是由一堆像素(pixel)所構成,所謂的「像素」,簡單的說就是螢幕上的點。一般我們所說的螢幕解析度為 1024x768 或是畫面解析度為 1024x768,指的便是螢幕或畫面可以顯示寬 1024 個點與高 768 個點。螢幕上的顯示方式如下圖所示:

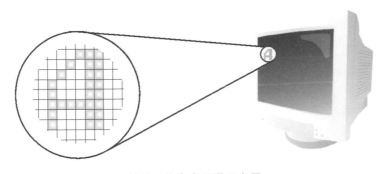

＜螢幕上的像素呈現示意圖＞

常見的數位影像種類可分為點陣圖與向量圖兩種,分別介紹如下。

3-1-1 點陣圖

點陣圖是指影像是由螢幕上的像素(Pixel)所組成,每一個像素都記錄著一種顏色。通常數位相機所拍攝到的影像或是用掃描器所掃描進來的影像,都屬於點陣圖,它會因為解析度的不同而影響到畫面的品質或列印的效果,如果解析度不夠時,就無法將影像的色彩很自然地表現出來。而像素的數目越多,圖像的畫質就更佳,例如一般的相片。如下圖所示,當各位以縮放顯示工具放大門口上方的招牌時,就會看到一格格的像素。

原圖

放大門口招牌，會看到一格格的像素

＜點陣圖與像素的放大後模式＞

一般在開始設計文宣或廣告以前，一定要先根據需求（網頁或印刷用途）先決定解析度、文件尺寸或像素尺寸，因為文件尺寸與解析度會影響到影像處理的結果，諸如：濾鏡的設定值或特效運算的時間。而解析度（Resolution）則是決定點陣圖影像品質與密度的重要因素，通常是指每一英吋內的像素粒子密度，密度愈高，影像則愈細緻，解析度也越高解。

如果原先拍攝的影像尺寸並不大時，卻要增加影像的解析度，那麼繪圖軟體會在影像中以內插補點的方式來加入原本不存在的像素，因此影像的清晰度反而降低，畫面品質變得更差。所以在找尋影像畫面時，盡量要取得高畫質、高解析度的影像才是根本之道。

點陣圖的優點是可以呈現真實風貌，而缺點則為影像經由放大或是縮小處理後，容易出現失真的現象。例如 Photoshop、PhotoImpact、小畫家等，即是以點陣圖為主的繪圖軟體。

3-1-2　向量圖

「向量圖」是以數學運算為基礎，透過點、線、面的連結和堆疊而造成圖形。它的特點是檔案小、圖形經過多次縮放也不會有失真或變模糊的情形發生，而且檔案量通常不大。它的缺點是無法表現精緻度較高的插圖，適合用來設計卡通、漫畫或標誌…等圖案。

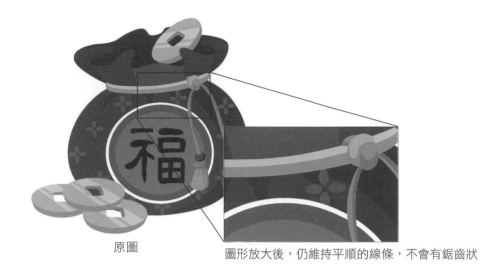

原圖　　　　　　　圖形放大後，仍維持平順的線條，不會有鋸齒狀

常用的向量繪圖工具主要有 Illustrator 和 CorelDRAW。Photoshop 軟體中也有向量式的繪圖工具，諸如：矩形工具、橢圓工具、多邊形工具…工具等皆屬之。

3-2 色彩模式

所謂的色彩模式，就是電腦影像上的色彩構成方式，或是決定用來顯示和列印影像的色彩模型。以 Photoshop 為例，當各位在檢色器上挑選顏色時，就可以看到電腦影像中常用的四種色彩模式。

<檢色器的視窗內容>

3-2-1 RGB 色彩模式

所謂色光三原色為紅（Red）、綠（Green）、藍（Blue）三種。如果影像中的色彩皆是由紅（Red）、綠（Green）、藍（Blue）三原色各 8 位元（Bit）進行加法混色所形成，而且同時將此三色等量混合時，會產生白色光，則稱為 RGB 模式。

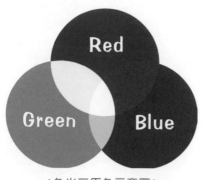

<色光三原色示意圖＞

所以此模式中每個像素是由 24 位元（3 個位元組）表示，每一種色光都有 256 種光線強度（也就是 2^8 種顏色）。三種色光正好可以調配出 2^{24}=16,777,216 種顏色，也稱為 24 位元全彩。例如在電腦、電視螢幕上展現的色彩，或是各位肉眼所看到的任何顏色，都是選用「RGB」模式。

一般在編輯影像畫面時，繪圖軟體大都採用 RGB 的色彩模式，因為不同的需求，可以在完成影編輯後，再將影像畫面轉換成灰階、點陣圖、雙色調、索引色、CMYK…等各種模式。

3-2-2 CMYK 色彩模式

CMYK 色彩模式是由青色（Cyan）、洋紅（Magenta）、黃色（Yellow）、黑色（Black），進行減法混色所形成，將此三色等量混合時，會產生黑色光。CMYK 模式是由每個像素 32 位元（4 個位元組）來表示，也稱為印刷四原色，屬於印刷專用，適合印表機與印刷相關用途。

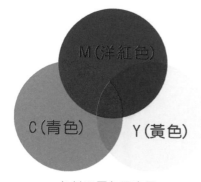

<色料三原色示意圖 ＞

由於 CMYK 是印刷油墨，所以是用油墨濃度來表示，最濃是 100%，最淡則是 0%。一般的彩色噴墨印表機也是這四種墨水顏色。另外 CMYK 模式所能呈現的顏色數量會比 RGB 模式少，所以在影像軟體中所能套用的特效數量也會相對較少。故在使用上會先在 RGB 模式中做各種效果處理，等最後輸出時再轉換為所需的 CMYK 模式。特別注意的是，在 RGB 模式中，色光三原色越混合越明亮，而 CMYK 模式，色料三原色越混合越混濁，這是兩者間的主要差別。

3-2-3 HSB 色彩模式

HSB 模式可看成是 RGB 及 CMYK 的一種組合模式，其中 HSB 模式是指人眼對色彩的觀察來定義。在此模式中，所有的顏色都用 H（色相，Hue）、S（飽和度，Saturation）及 B（亮度，Brightness）來代表，在螢幕上顯示色彩時會有較逼真的效果。

所謂色相是表示顏色的基本相貌或種類，也是區隔顏色間最主要最基本的特徵，而明度則是人們視覺上對顏色亮度的感受，通常用從 0%（黑）到 100%（白）的百分比來度量，至於飽和度是指顏色的純度、濃淡或鮮艷程度。

3-2-4 Lab 色彩模式

Lab 色彩是 Photoshop 轉換色彩模式時的中介色彩模型，它是由亮度（Lightness）及 a（綠色演變到紅色）和 b（藍色演變到黃色）所組成，可用來處理 Photo CD 的影像。

3-3 影像色彩類型

所謂的「色彩深度」通常是以「位元」來表示，位元是電腦資料的最小計算單位，位元數的增加就表示所組合出來的可能性就越多，影像所能夠具有的色彩數目越多，相對地影像的漸層效果就越柔順。像我們常說的 8 位元、16 位元、24 位元⋯等，就是代表影像中所能具有的最大色彩數目。當位元數目越高，就代表影像所能夠具有的色彩數目越多，相對地，影像的漸層效果就越柔順。如下圖所示：

色彩深度	1 位元	2 位元	4 位元	8 位元	16 位元	24 位元
色彩數目	2 色	4 色	16 色	256 色	65536 色（高彩）	16777216 色（全彩）

在一般常見的數位影像中，主要區分成以下六種影像色彩類型。

3-3-1 黑白模式

在黑白色彩模式中，只有黑色與白色。每個像素用一個位元來表示。這種模式的圖檔容量小，影像比較單純。但無法表現複雜多階的影像顏色，不過可以製作黑白的線稿（Line Art），或是只有二階（2 位元）的高反差影像。

<黑白影像示意圖>

3-3-2 灰階模式

每個像素用 8 個位元來表示，亮度值範圍為 0~255，0 表示黑色、255 表示白色，共有 256 個不同層次深淺的灰色變化，也稱為 256 灰階。可以製作灰階相片與 Alpha 色板。

<灰階影像示意圖>

3-3-3 16 色模式 / 256 色模式

每個像素用 4 位元來表示，共可表示 16 種顏色，為最簡單的色彩模式，如果把某些圖片以此方式儲存，會有某些顏色無法顯示。而 256 色模式是每個像素用 8 位元來表示，共可表示 256 種顏色，這樣的色彩模式已經可以把一般的影像效果表達的相當逼真，是早期網路上常用的彩色模式。

3-3-4 高彩模式

每個像素用 16 位元來表示，其中紅色佔 5 位元，藍色佔 5 位元，綠色佔 6 位元，共可表示 65536 種顏色。以往在製作多媒體產品時，多半會採用 16 位元的高彩模式，但如果資料量過多，礙於儲存空間的限制，或是想加快資料的讀取速度，就會考慮以 8 位元（256 色）來呈現畫面。

3-3-5 全彩模式

每個像素用 24 位元來表示，其中紅色佔 8 位元，藍色佔 8 位元，綠色佔 8 位元，共可表示 16,777,216 種顏色。全彩模式在色彩的表現上非常的豐富完整，不過使用全彩模式及 256 色模式，光是檔案資料量的大小就差了三倍之多。

<全彩影像示意圖>

例如對於影像畫面呈現規格來説，通常是採用 640x480、800x600、或 1024x768 的空間解析度。事實上，影像擁有越高的空間解析度，相對地影像資料量也會越大。以一張 640x480 的全彩（24 位元）影像來説，其未壓縮的資料量就需要約 900KB 的記憶容量（640×480×24/8= 921,600 bytes）。透過這樣的容量計算與影像檔量的預估，就可以計算出多媒體光碟所需要的總容量。

> **TIPS**
>
> 各位可以計算以一張 3×5 吋全彩影像（每個像素佔 24bits），其解析度為 200ppi，則所佔用的電腦儲存空間為何？方法很簡單，如下所示：
>
> $(200×3)×(200×5)×24/8 = 18×10^5$ bytes（約 1.7 MB）

3-4 影像壓縮處理

　　當影像處理完畢，準備存檔時，通常會針對個別的需求，選取合適的圖檔格式。由於影像檔案的容量都十分龐大，尤其在目前網路如此發達的時代，經常會事先經過壓縮處理，再加以傳輸或儲存。所謂「影像壓縮」是根據原始影像資料與某些演算法，來產生另外一組資料，方式可區分為「破壞性壓縮」與「非破壞性壓縮」兩種。

3-4-1 破壞性壓縮

　　「破壞性壓縮」與「非破壞性壓縮」二者的主要差距在於壓縮前的影像與還原後結果是否有失真現像，「破壞性壓縮」的壓縮比率大，容易產生失真的情形，例如：JPG 是屬於「破壞性壓縮」。

＜破壞性壓縮模式的全彩效果 JPG 檔＞

3-4-2 非破壞性壓縮

　　「非破壞性壓縮」壓縮比率小，還原後不容易失真。像是 PCX、PNG、GIF、TIF 等格式是屬於「非破壞性壓縮」格式。

3-5 影像檔案介紹

　　當影像處理完畢，準備存檔時，常針對不同軟體的設計，選取合適的圖檔格式。由於影像檔案的容量都十分龐大，尤其在目前網路如此發達的時代，經常會事先經過壓縮處理，再加以傳輸或儲存。

接下來，我們介紹一些常見的影像圖檔格式給各位認識。當您完成影像編輯後，就可以根據需求，選擇適當的檔案格式。

3-5-1 JPEG

JPEG（Joint Photographic Experts Group）是由全球各地的影像處理專家所建立的靜態影像壓縮標準，可以將百萬色彩（24-bit color）壓縮成更有效率的影像圖檔，副檔名為 .jpg，由於是屬於破壞性壓縮的全彩影像格式，採用犧牲影像的品質來換得更大的壓縮空間，所以檔案容量比一般的圖檔格式來的小，也因為 jpg 有全彩顏色和檔案容量小的優點，所以非常適用於網頁及在螢幕上呈現的多媒體。

<含有較多漸層色調的影像，適合選用 JPEG 格式>

在儲存 jpg 格式時，使用者可以根據需求來設定品質的高低。以 Photoshop 為例，品質可以從 0 到 12，檔案量的大小也差距甚大，該選用何種品質，可利用「預視」的選項來比較一下它的差異。

3-5-2 GIF

GIF 圖檔是由 CompuServe Incroporated 公司發展的影像壓縮格式，目的是為了以最小的磁碟空間來儲存影像資料，以節省網路傳輸的時間。這種格式為無失真的壓縮方式，色彩只限於 256 色，副檔名為 .gif，支援透明背景圖與動畫。檔案本身有一個索引色色盤來決定影像本身的顏色內容，適合卡通類小型圖片或色塊線條為主的手繪圖案。

<簡單的色塊、線條最適合使用 GIF 格式，可降低檔案尺寸>

GIF 圖檔也支援透明背景圖形，如果所設計的圖形想和網頁背景完美的結合，就可以考慮選用 GIF 格式。因此早期網際網路上最常被使用的點陣式影像壓縮格式就非他莫屬。

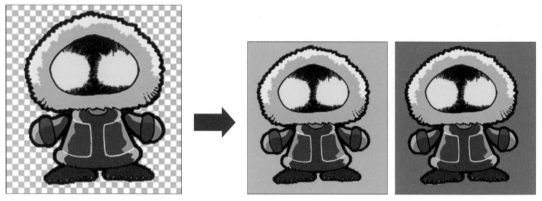

<儲存檔案時，勾選「透明度」選項，就可以與其他網頁背景完美結合>

另外，GIF 圖檔也可以支援動畫製作，透過 GIF Animator 程式就可將數張影像串接成 GIF 動畫。

3-5-3 TIF

副檔名為 .tif，為非破壞性壓縮模式，支援儲存 CMYK 的色彩模式與 256 色，能儲存 Alpha 色版。其檔案格式較大，常用來作為不同軟體與平台交換傳輸圖片，為文件排版軟體的專用格式。

3-5-4 PCX

PCX 格式支援 1 位元，最多 24 位元的影像，它的影像是採用 RLE 的壓縮方式，因此不會造成失真的現象。

3-5-5 PNG

　　Png 格式是較晚開發的一種網頁影像格式，幾乎同時包含了 JPG 與 GIF 兩種格式的特點。它是一種非破壞性的影像壓縮格式，所以壓縮後的檔案量會比 JPG 來的大，但它具有全彩顏色的特點，能支援交錯圖的效果，又可製作透明背景的特性，檔案本身可儲存 Alpha 色版以做為去背的依據。並且很多影像繪圖軟體和網頁設計軟體目前都已支援，被使用率已相當的高。

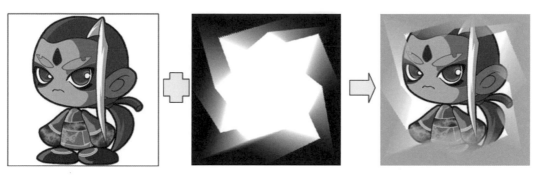

< PNG 格式可以儲存具半透明效果的圖形 >

NOTE

Designed by pikisuperstar / Freepik

音訊媒體與 GoldWave 音訊處理實務

04

從許多人早上起床開始，整天的生活中就充滿了各式各樣的聲音，如鳥叫聲、收音機音樂聲、吵人的鬧鐘聲等，而人與人之間主要也是透過聲音來進行言語間的溝通。隨著多媒體相關技術的進展，一般來說，電腦最基本會配備的喇叭應有兩個，一個播放左聲道，一個播放右聲道。現在利用電腦來製作音訊產品已經是一件相當簡單的工作，例如波形音訊的錄製，甚至於錄好的音訊檔，還可以利用軟體來進行後續的處理與編輯。

<生活中充滿了各式各樣的聲音>

簡單來說，聲音是由物體振動造成，並透過如空氣般的介質而產生的類比訊號，也是一種具有波長及頻率的波形資料，以物理學的角度而言，可分為音量、音調、音色三種組成要素。其中音量是代表聲音的大小，音調是發音過程中的高低抑揚程度，可以由阿拉伯數字的調值表示，而音色就是聲音特色，就是聲音的本質和品質，或不同音源間的區別。

TIPS

分貝（dB）是音量的單位，而赫茲（Hz）是聲音頻率的單位，1Hz 為每秒震動一次。

4-1 認識語音數位化

因為聲音訊號是屬於連續性的類比訊號，而電腦只能辨識 0 或 1 的數位訊號，例如我們可以麥克風將所收錄的類比訊號轉為數位訊號，稱為 ADC（Analog-to-Digital

Conversion），或將處理完後的數位訊號轉換為類比音號透過喇叭輸出，則稱為 DAC（Digital-to-Analog Conversion）。所謂「語音數位化」則是將類比語音訊號，透過取樣、切割、量化與編碼等過程，將其轉為一連串數字的數位音效檔。數位化的最大好處是方便資料傳輸與保存，使資料不易失真。例如 VoIP（Voice over IP，網絡電話）就是一種提升網路頻寬效率的音訊壓縮型態，不過音質也會因為壓縮技術的不同而有差異。

由於聲音的類比訊號進入電腦中必須要先經過一個取樣（sampling）的過程轉成數位訊號，這就和取樣頻率（sample rate）和取樣解析度（sample resolution）有密切的關聯，請看以下的說明。

4-1-1　取樣

將聲波類比資料數位化的過程，由於利用數字來表示的聲音是斷斷續續的，所以將模擬訊號轉換成數字訊號的時候，就會在模擬聲音波形上每隔一個時間裡取一個幅度值，這個過程我們稱之為「取樣」。通常會產生一些誤差，取樣也分為單聲道（單音）或雙聲道（立體聲）。至於取樣頻率，每秒鐘聲音取樣的次數，以赫茲（Hz）為單位。

例如各位使用麥克風收音後，再由電腦進行類比與數位聲音的轉換，轉換之後才能儲存在電腦媒體中。取樣解析度決定了被取樣的音波是否能保持原先的形狀，越接近原形則所需要的解析度越高。

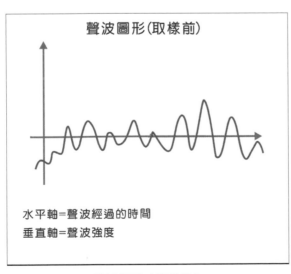

<聲波圖形（取樣前）>

4-1-2 取樣率

在取樣的過程中，這段間隔的時間我們就稱它為「取樣頻率」，也就是每秒對聲波取樣的次數，以赫茲（Hz）為單位。市面上的音效卡取樣頻率有 8KHz、11.025KHz、22.05KHz、16KHz、37.8KHz、44.1KHz、48KHz 等等，而這個取樣的頻率值越大，則聲音的失真就會越小。常見的取樣頻率可分為 11KHz 及 44.1KHz，分別代表一般聲音及 CD 唱片效果。而現在最新的錄音技術，甚至 DVD 的標準則可達 96 KHz。密度愈高當然取樣後的音質也會愈好，不過取樣頻率越高，表示聲音取樣數越多，失真率就愈小，越接近原始來源聲音，不過所佔用的空間也越大。

4-1-3 取樣解析度

取樣解析度（Sampling resolution）代表儲存每一個取樣結果的資料量長度，以位元為單位，也就是要使用多少硬碟空間來存放每一個取樣結果。如果音效卡取樣解析度為 8 位元，則可將聲波分為 2^8=256 個等級來取樣與解析，而 16 位元的音效卡則有 65536 種等級。如下圖中切割長條形的密度為取樣率，而長條形內的資料量則為取樣解析度：

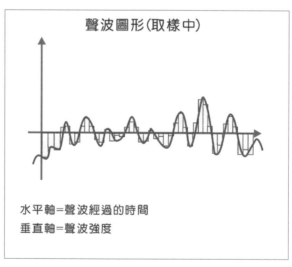

<聲波圖形（取樣中）>

就像各位常聽的 CD 音樂，取樣率則為每秒鐘取樣 44100 次（44.1KHz），取樣解析度為 16 位元（共有 2^{16}=65536 個位階）。例如 CD 音樂光碟上儲存 1 秒的聲音共有 44100 筆，每筆有 16 位元，因此資料量是：

$$44100×16=705600bps=705.6kbps$$

　　下圖則是將代表聲波的紅色曲線拿掉，內容所表示的長條圖數值就是轉換後數位音效的資料：

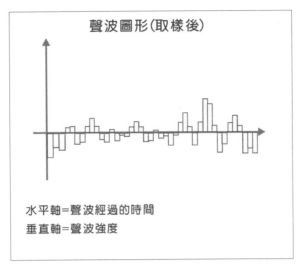

<聲波圖形（取樣後）>

4-2 數位音效種類

　　數位音效依照聲音的種類區分，可分為「波形音訊」及「MIDI 音訊」。分述如下：

4-2-1 波形音訊

　　是由震動音波所形成，也就是一般音樂格式，因時間點的不同而產生聲音強度的高低。在它轉換成數位化的資料後，電腦便可以加以處理及儲存，例如旁白、口語、歌唱等，都算是波形音訊。

4-2-2 MIDI 音訊

　　MIDI 為電腦合成音樂所設計，並不能算是真正音樂格式，是利用儲存於音效卡上的音樂節拍資料來播放音樂。也就是 Midi 音樂檔案本身只紀錄各種不同音質的樂器，也能紀錄樂器演奏時所設定的聲音高低、時間長短、以及聲音大小。例如電子音樂鍵盤又稱為 MIDI 鍵盤，可用來產生音樂並透過音效卡輸入到電腦中進行編輯，編輯完成的音樂檔案，可再透過音效卡輸出到喇叭中。通常 MIDI 鍵盤能夠產生 128 種音色，以模擬各種樂器及自然環境中的聲音。

< MIDI 鍵盤與 MIDI 長笛 >

4-3 認識音訊壓縮

音訊數位化是多媒體產品製作上的重要一環,而數位音訊的壓縮與音效處理一直是數位音訊相關應用的核心技術。例如聲音編碼的計算容量方式是指儲存 1 秒的聲音需要多少位元的資料。

由於沒有經過壓縮的影像和音訊資料容量非常龐大,除了可大幅壓縮音樂檔案,也節省大量的存放空間,也不至於損失太多的音質表現。事實上,所謂音訊壓縮(Audio Compression)的基本原理是將人類無法辨識的音訊去除,在不會被察覺的情況下,儘量減少資料量的同時,也能維持重建後的音訊品質,就稱為失真破壞性壓縮。

當聲音壓縮之後,不可能完全如原音重現般地轉換到另一種音訊格式。壓縮比越高,則刪減的訊號越多,失真的情況也加大。至於聲音的品質,除了由壓縮方式來決定之外,往往以位元傳輸率來表達其所展現出的品質。所有形式的壓縮音訊都會使用有效演算法,將我們聽不到的音訊資訊去除。就是利用一套數學計算的程序來編碼,不過每一個壓縮算法,必定有一個相對的解壓縮方法。優質的音訊壓縮技術可確保對話品質清晰的程度。

4-4 常用音效檔格式

數位音效的音效檔格式有許多種,不同的音樂產品有不同格式。例如遊戲中所使用的音效檔案是以 Wave 格式與 Midi 格式這兩種格式的檔案為主。以下是常用的音效檔案格式介紹:

4-4-1 WAV

為波形音訊常用的未壓縮檔案格式，也是微軟所制定的 PC 上標準檔案。以取樣的方式，將所要紀錄的聲音，忠實的儲存下來。其錄製格式可分為 8 位元及 16 位元，且每一個聲音又可分為單音或立體聲，是 Windows 中標準語音檔的格式，可用於檔案交流的音樂格式，而檔案相當大，一首歌約 45MB。Wave 格式的音效檔案在所佔容量上會比較大，一般的音樂 CD 最多只能容納約 15 到 20 首的歌曲（以一首約 2 到 4 分鐘來計算）。

例如遊戲中對於音效的品質要求極高，或是想讓遊戲中的音樂成為賣點之一（像是巴冷公主遊戲中的原住民吟唱），通常就會採用 Wave 格式的音效檔案，或是更進一步的提供音效片（通常就是一片音樂 CD 片），讓玩家可以在遊戲進行時置入播放，或是單獨使用於隨身聽或是音響之中。

4-4-2 MIDI

MIDI 為電子樂器與電腦的數位化界面溝通的標準，是連接各種不同電子樂器之間的標準通訊協定。優點是資料的儲存空間比聲波檔小了很多，不直接儲存聲波，而是儲存音譜的相關資訊，而且樂曲修改容易。不過難以使每台電腦達到一致的播放品質，而這也正是使用 MIDI 檔的缺點。

4-4-3 MP3&MP4

MP3 是當前相當流行的破壞性音訊壓縮格式，全名為 MPEG Audio Layer 3，為 MPEG（Moving Pictures Expert Group）這個團體研發的音訊壓縮格式。也就是採用 MPEG-1 Layer 3（MPEG-1 的第三層聲音）來針對音訊壓縮格式所製造的聲音檔案，可以排除原始聲音資料中多餘的訊號，並能讓檔案大量減少。使用 MP3 格式來儲存，一般而言只有 WAV 格式的十分之一，而音質僅略低於 CD Audio 音質。

例如將 WAV 純聲音檔，經由 MP3 的壓縮技術，而產生壓縮比例大約 1：10 的音樂聲音檔，是屬於失真性的壓縮格式。如果將 MP3 燒錄成光碟，則一片 CD 光碟可以儲存 100 多首的 MP3 歌曲。目前更推出了 MP4 格式，所使用的是 MPEG-2 AAC 技術，可以將各種各樣的多媒體技術充分用進來。相較於 MP3 是壓縮比提高，且音質更好，另外 MP3 只能呈現音訊，但 MP4 可以是影片、音訊、影片 + 音訊的方式呈現。

在 Windows 10 電腦中已有內置 MP4 播放器 ─ Windows Media Player 可以使用，如果用戶想要下載其他性能穩定且實用的 MP4 播放器，那麼像 MiniTool

MovieMaker 是最佳的推薦，因為這款免費的 MP4 播放器，不僅可以輕鬆播放 MP4 視頻，讓你在播放 MP4 文件時需要更多控制，還可以播放其他流行的視頻／音頻／圖像文件格式。

< Windows 10 內置的 MP4 播放器－ Windows Media Player >

4-4-4　AIF

AIF 是 Audio Interchange File Format 的縮寫，為蘋果電腦公司所開發的一種聲音檔案格式，主要應用在 Mac 的平台上。

4-4-5　CDA

音樂 CD 片上常用的檔案格式，是 CD Audio 的縮寫，由飛利浦公司訂製的規格，要取得音樂光碟上的聲音必須透過音軌抓取程式做轉換才行。

TIPS

AU 是 UNIX 作業系統上常用的檔案格式。

4-5 錄製數位音訊

　　所謂數位音訊剪輯,就是透過軟體直接將現成的音效檔編輯,加工後變成自己所期望的音效檔。而 Windows 所提供的「錄音機」程式,便是一個簡單又實用的工具,它供錄音的功能,其操作介面簡易,讓使用者不必透過專業錄音室的設備,就能達成錄音的工作。請各位從「開始」功能表選擇「錄音錄音機」指令,便可以開啟該程式。開啟程式後,只要將麥克風連接上電腦,透過麥克風即可來錄製新的音訊檔。

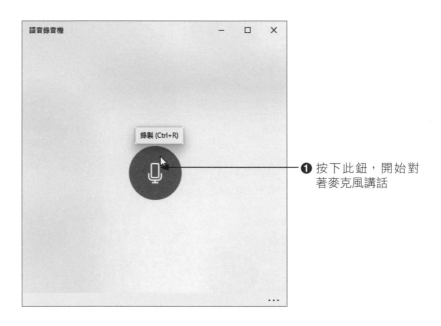

❶ 按下此鈕,開始對著麥克風講話

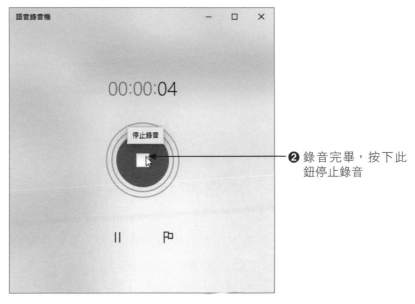

❷ 錄音完畢,按下此鈕停止錄音

錄製完成你會在介面上方看到今天錄音的內容，點選該檔案即可播放聲音，或是進行刪除、重新命名、修剪、分享等動作。

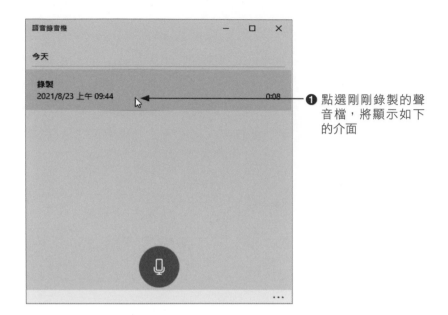

❶ 點選剛剛錄製的聲音檔，將顯示如下的介面

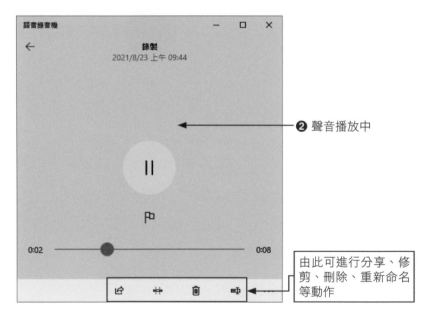

❷ 聲音播放中

由此可進行分享、修剪、刪除、重新命名等動作

4-6 GoldWave 音訊編輯不求人

GoldWave 是一個相當棒的聲音編輯軟體，除了針對音樂進行播放、錄製、編輯等處理外，也附有許多的聲音效果可以處理音檔，像是回音、混音、倒轉、搖動、動態…等，還能將所編輯好的檔案轉成為 wav、mp3、aiff…等格式。另外，它可支

援的檔案相當多,包括:WAV、WMA、MP3、AIFF、AU、MOV…等,也可以從 CD、VCD、DVD 或其他音訊檔擷取音訊。甚至可以針對一批檔案進行批次轉檔的處理,這對於音訊從業人員來說可謂一大福音。

這套數位音效(Digital Audio)編輯軟體,除了操作介面相當直覺外,操作也相當簡單。請各位先到官方網站 https://goldwave.com/release.php 進行最新版本的下載,下載後並進行安裝的動作,以便為各位作進一步的介紹與說明。

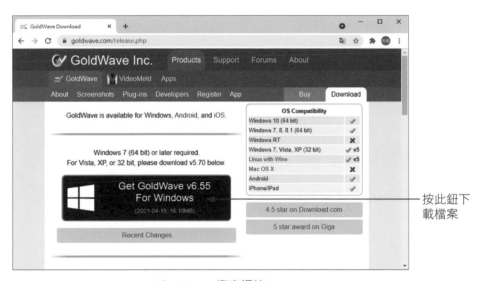

按此鈕下載檔案

< Goldwave 官方網站 >

4-6-1 認識操作環境

完成 GoldWave 軟體安裝後,請執行桌面捷徑來開啟 GoldWave 程式,此時視窗內沒有任何的音效編輯視窗,工作視窗的畫面將會如下圖所示:

按此鈕關閉控制器視窗,相關功能將鑲嵌在 GoldWave 主視窗上

GoldWave 的工作環境主要包含兩大部分：

✪ GoldWave 主視窗

用以編輯聲音檔的地方，視窗內包含主功能表、音訊的編輯工具列及音效工具列，在主視窗下方的狀態列則顯示目前開啟音訊檔的各種資訊。如果有開啟音檔，那麼視窗中還會顯示「音訊編輯視窗」。

✪ 控制器 (Control) 視窗

用來控制音訊的播放、音量、速度及錄音的視窗，同時還可以透過「設定控制器屬性（Sets Control Properties）」來針對音效的播放、錄音、音量、視覺、裝置等做進階設定。

4-6-2 開啟與播放音訊檔

請執行「File/Open」指令，或是按下「Open」鈕，即可開啟舊有的音訊檔。

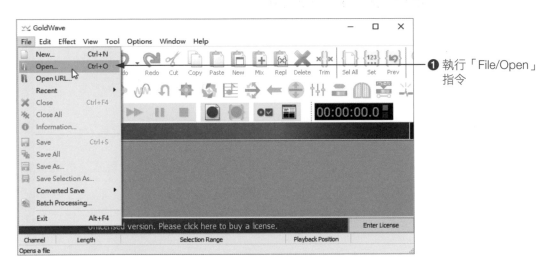

❶ 執行「File/Open」指令

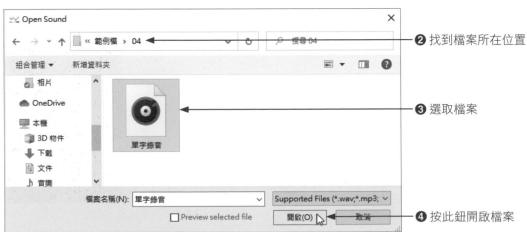

❷ 找到檔案所在位置

❸ 選取檔案

❹ 按此鈕開啟檔案

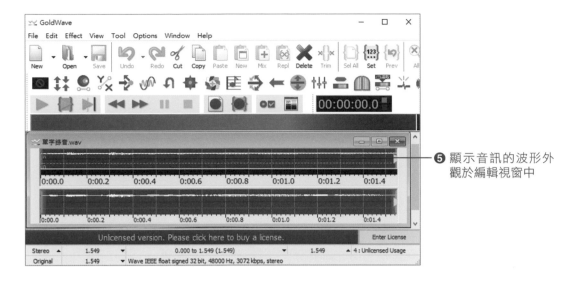

❺ 顯示音訊的波形外觀於編輯視窗中

　　編輯視窗中顯示該音檔的波形外觀，視窗上半部代表左聲道的波形，視窗下半部代表右聲道的波形。各位按下「Contrl」面板上的 ▶ 鈕，即可從喇叭或耳機中聽到這個音訊檔的內容，而且會以「白線」表示目前的作用位置，白線會跟著播放進度來移動。

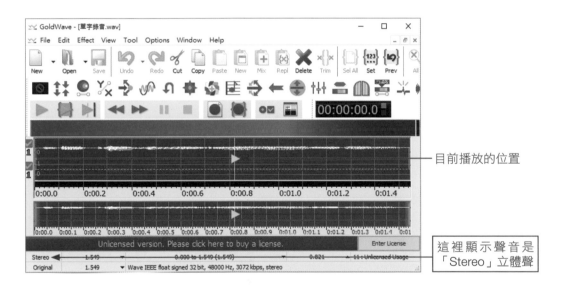

目前播放的位置

這裡顯示聲音是「Stereo」立體聲

　　上面的音檔中顯示左右聲道，這是所謂的立體聲「Stereo」，如果開啟的音檔只有一個聲音波形，這是經過處理過的單聲道「Mono」，檔案量會比較小。如圖示：

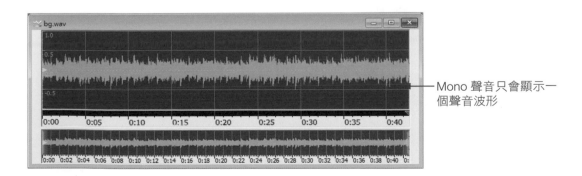

Mono 聲音只會顯示一個聲音波形

4-6-3 音訊的錄製

除了開啟舊有的音訊檔外，也可以使用麥克風來錄製聲音。請在 GoldWave 程式中按下「Control」面板上的 ● 鈕，它會自動開啟一個新檔案，各位即可對著麥克風進行錄音。

❶ 按此鈕開始準備錄音

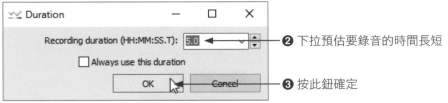

❷ 下拉預估要錄音的時間長短

❸ 按此鈕確定

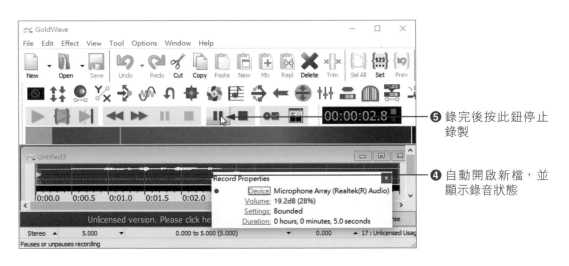

❺ 錄完後按此鈕停止錄製

❹ 自動開啟新檔，並顯示錄音狀態

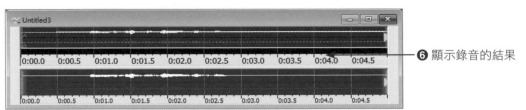

❻ 顯示錄音的結果

4-6-4 音訊儲存

要儲存錄製或編輯的音訊檔，請執行「File/Save」或「File/Save As」指令，便可開啟「Save Sound As」視窗，選擇要儲存的檔案格式，並輸入檔案名稱，按下「存檔」鈕即可儲存檔案。

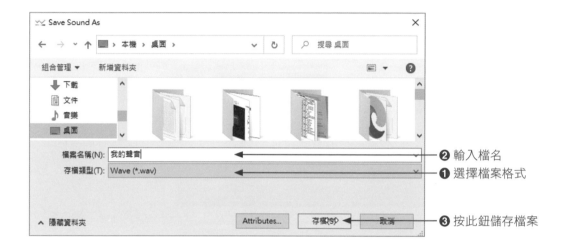

❷ 輸入檔名
❶ 選擇檔案格式
❸ 按此鈕儲存檔案

4-6-5 修剪音檔

錄製的音檔或是開啟的舊有檔案，若因時間的限制而需修剪聲音，或是錄製時，聲音前後留下的過多空白，都可以考慮將它做修剪。修剪方式如下：

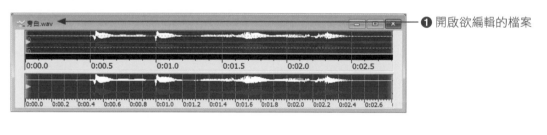

❶ 開啟欲編輯的檔案

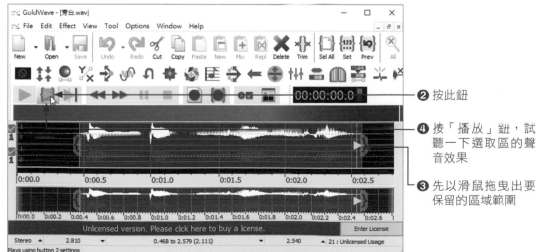

❷ 按此鈕

❹ 按「播放」鈕，試聽一下選取區的聲音效果

❸ 先以滑鼠拖曳出要保留的區域範圍

❺ 執行「Edit/Trim/Both」指令修剪音檔

❻ 顯示修剪的結果

4-6-6 淡出淡入效果

當聲音出現或結束時,最常使用的手法就是「淡入淡出」效果。也就是在聲音開始時,聲音的音量由 0 逐漸增加到正常音量;當即將結束時,則是由正常音量逐漸減小到 0 為止。這樣的效果可以利用 GoldWave 的「Effect/Volume/Fade In」及「Effect/Volume/Fade Out」功能來做到,或是透過如下的功能鈕來做淡出/入的效果。

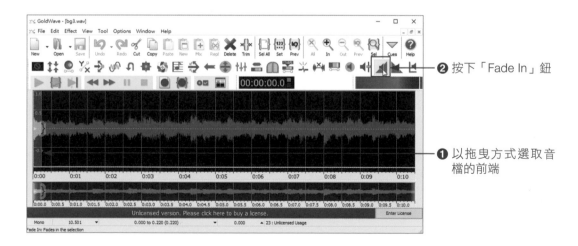

❷ 按下「Fade In」鈕

❶ 以拖曳方式選取音檔的前端

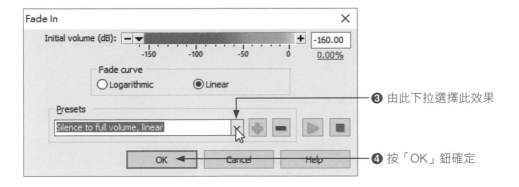

❸ 由此下拉選擇此效果

❹ 按「OK」鈕確定

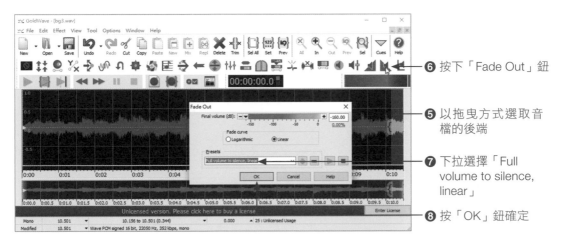

❻ 按下「Fade Out」鈕

❺ 以拖曳方式選取音檔的後端

❼ 下拉選擇「Full volume to silence, linear」

❽ 按「OK」鈕確定

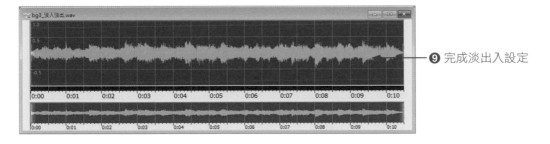

❾ 完成淡出入設定

　　GoldWave 程式除了淡入淡出的效果外，還有回音、混音、倒轉…等特殊音訊效果，限於篇幅關係並未介紹，各位可以自行試用看看。

NOTE

Designed by pikisuperstar / Freepik

解析視訊媒體的
生手懶人包

網路科技不斷進步，吸引了一群伴隨網路成長的世代，只要能夠上網，每個人都可以尋找有關他們嗜好和感興趣的視訊影片，現在大家都喜歡看有趣的影片，影音視覺呈現更能有效吸引大眾的眼球。根據 Yohoo! 的最新調查顯示，平均每月有 84% 的網友瀏覽線上影音，全球使用者每日觀看影片總時數更超過上億小時，更可以讓使用者上傳、觀看及分享影片。

數位化視訊的風潮無疑已經席捲全球，視訊資料在數位化之後，不但所能產生的效果更加豐富與更清晰的畫質，而且只要使用適合的編修剪輯軟體，一般人就能輕鬆學習到視訊資料的處理與製作，當然也為新一代的視訊產品帶來了龐大的市場商機。例如數位電視與傳統的類比電視相比，在畫面清晰度、頻道數、抗雜訊度、聲音品質等都有更優秀的表現。在本章中，我們將說明視訊媒體的原理與發展，並介紹視訊壓縮的相關應用。

< Youtube 是目前全球最大影音視訊平台 >

5-1 視訊基礎概念

我們知道當電影從業人員使用攝影機在拍攝電影時，便是將畫面記錄在連續的方格膠卷底片，等到日後播放時再快速播放這些靜態底片，達成讓觀眾感覺上有畫面動作的效果。通常每秒所顯示的畫格數越多，動態的感覺越流暢自然，這些所拍攝的畫面即為類比式視訊。

<影片的畫格數越多，
動態的感覺越流暢 >

5-1-1 視訊原理

「視訊」就是由會動的影像與聲音兩要素所構成，通常是由一連串些微差異的實際影像組成，當快速放映時，利用視覺暫留原理，影像會產生移動的感覺，這正是視訊播放的基本原理。

例如從電影、電視或是錄影機中所播放出來的內容，皆屬於視訊的一種。視訊資料來源在傳統上是透過攝影機將鏡頭捕捉的畫面儲存到膠卷或是磁帶中，並經過適當的裝置將內容播放出來。傳統的視訊編修是透過專業人士在特殊暗房中的剪輯技術所產生的特殊的效果，只有專業人員才能處理，功能亦有限。

<電視與電影都是視訊媒體的一種>

5-2 視訊型態

視訊的型態可以分為兩種：一種是類比視訊，例如電視、錄放影機、V8、Hi8 攝影機所產生的視訊；另一種則為數位視訊，例如電腦內部由 0 與 1 所組成的數位視訊訊號（Signal），分述如下：

5-2-1 類比視訊

類比視訊的訊號傳輸是利用有線或無線的方式來進行傳送。「類比訊號」是一種連續且不間斷的波形，藉由波的振幅和頻率來代表傳遞資料的內容。不過這種訊號的傳輸會受傳輸介質、傳輸距離或外力而產生失真的現象。我們也可以透過影像擷取卡，將這些類比影像傳送到電腦內部來加以編修，不過在類比影像轉換成數位元影像的過程中，可能會產生失真，而這正是類比視訊的一項缺點。傳統類比視訊規格可分為 NTSC、PAL 及 SECAM 三大類型，分別適用於不同的國家及地區，如下表所示：

規格名稱	掃描線數	畫面更換頻率 (畫格)	採用地區
NTSC	525	30 fps	美國、台灣、日本、韓國 所採用的視訊規格。
PAL	625	25 fps	為歐洲國家、中國、香港等地所採用的視訊規格。
SECAM	625	25 fps	為法國、東歐、蘇聯及非洲國家採用的電視制式。

例如 NTSC 標準是國際電視標準委員會（National Television Standard Committee），所制定的電視標準，北美、日本和台灣地區的電視都是用此標準。其中基本規格是 525 條水平掃描線、FPS（每秒圖框、畫格）為 30 個。由於電視映射管的電子束是以水平方向進行掃描，所以稱為「水平掃描線」，視訊畫面中的水平掃瞄線愈多，所顯現的影像畫質就愈清晰細緻。

5-2-2　數位視訊

數位視訊是以視訊訊號的 0 與 1 來記錄資料，這種視訊格式比較不會因為外界的環境狀態而產生失真現象，不過其傳輸範圍與介面會有其限制。由於數位視訊會產生大量的資料，這會造成傳輸與儲存的不便，因此發展出 AVI、MOV、MPEG 視訊壓縮格式。數位視訊資料可以透過特定傳輸介面傳送到電腦之中，由於資料本身儲存時便以數位元的方式，因此在傳送到電腦的過程中不會產生失真的現象，透過視訊剪輯軟體（例如 Windows Movie Maker），使用者可以來進行編輯工作。

無線電視數位化是世界潮流，目前世界各國的電視系統已逐漸淘汰類比訊號電視系統，美國從 2009 年開始推行數位電視，我國則在 2012 年 7 月起台灣 5 家無線電視中午正式關閉類比訊號，完成數位轉換。數位電視播出方式可分為高畫質數位電視（HDTV）及標準畫質數位電視（SDTV），HDTV 解析度為 1920*1080，SDTV 解析度為 720*480。目前全球數位電視的規格三大系統：分別為美國 ATSC（Advanced Television Systems Committee）系統、歐洲 DVB-T（Digital Video Broadcasting）系統及日本 ISDB-T（Integrated Services Digital Broadcasting）系統，台灣數位電視系統則是採用歐洲 DVB-T 系統。

5-2-3　數位視訊剪輯

數位視訊剪輯的意義在於使用者從一般視訊設備擷取影像或影片到電腦中，再利用影像編輯軟體進行編輯，並將剪輯後的影片儲存於電腦內部，或製作成 DVD、

VCD、錄影帶。至於一個完整的視訊系統除了電腦硬體配備外，還必須包括視訊來源與編輯軟體。底下我們將系統組成以表格表示如下：

配備	內容
電腦系統	多媒體電腦（含音效卡）、含視訊擷取功能及轉錄功能的影像擷取卡
視訊來源	電視機、錄放影機、攝影機
編輯軟體	含視訊及音訊的擷取、編輯、字幕製作及轉場特效等功能，例如 VideoStudio、Premiere、PowerDirector 等軟體。

有了系統組成的基本認識之後，接著我們來看看數位視訊的剪輯流程。我們可以將剪輯流程分為下列幾個階段：

❶ 視訊來源設備

❷ 輸入／擷取視訊至電腦上成為數位視訊檔案

❸ 使用剪輯軟體編輯、加上特效、製作字幕

❹ 輸出至影帶或製作 VCD 或 DVD

從上面的步驟中我們知道，數位視訊剪輯除了在輸入與輸出時是由硬體來控制之外，其他如剪輯、字幕製作、特效等編輯工作，都必須藉助影像剪輯軟體來完成。

5-3 視訊壓縮原理

數位視訊則是由一張張的數位元影像（以圖元為單位元）所構成，當數位視訊在不壓縮的情況，為了達到連續動態的要求，若以 640x480（pixels/frame），60 分鐘的一段全彩數位視訊而言，在 NTSC 類比規格下就要：

30*60*640*480*3（全彩影像需要 24bits/3bytes）*60 ＝＞ 約為 92.7 GB

以上這段 60 分鐘的視訊資料竟然必須要接近 120 GB 的硬碟才可以裝下，可見所需要的儲存空間是相當驚人。因此數位視訊資料的儲存必需要加以壓縮處理，不然在硬體速度有限的狀況下，對於日後的處理與應用上會造成相當的不便。

視訊壓縮的原理其實相當簡單，因為視訊資料量也像音訊資料，允許壓縮過後的視訊在還原時可以有容許某種程度的「失真」現象。簡單來說，我們知道視訊是由一連串靜止畫面所組成，每個畫面雖然就是一張圖像，但其和一般圖像資料的不

同點是相鄰近的畫面間可能會有極高的相關性，也就是連續兩個畫面的內容往往相差無幾，因此在儲存上，只需要記錄其中的某些關鍵畫格即可。或者也可以將畫面中眼睛較不易察覺的訊號去除，雖然對於資料的完整性有些損失，但對於人類的眼睛敏感度而言，並沒有太大影響，這些特性都是用來設計壓縮技術的基本原則。

 5-4 視訊檔案格式簡介

視訊壓縮與一般圖像壓縮的最大不同之處，在於必須要求更高的壓縮比例，因此針對視訊必需有更進一步的壓縮技術才行。相信各位對於視訊壓縮有了基本認識後，我們要繼續來介紹常用的視訊播放規格，分述如下：

5-4-1 MPEG

MPEG 是一個協會組織（Motion Pictures Expert Group）的縮寫，專門定義動態畫面壓縮規格，是一種圖像壓縮和視訊播放的國際標準，並運用較精緻的壓縮技術，可運用於電影、視訊、及音樂等。

所以 MPEG 檔的最大好處在於其檔案較其他檔案格式的檔案小許多，MPEG 的動態影像壓縮標準分成幾種，MPEG-1 用於 VCD 及一些視訊下載的網路應用上，可將原來的 NTSC 規格的類比訊號壓縮到原來的 1/100 大小，在燒成 VCD 光碟後，畫質僅相當於 VHS 錄影帶水準，可在 VCD 播放機上觀看。

MPEG-2 相容於 MPEG-1，除了做為 DVD 的指定標準外，於 1993 年推出的更先進壓縮規格，較原先 MPEG-1 解析度高出一倍。還可用於為廣播、視訊廣播，而 DVD 提供的解析度達 720 x 480，所展現的影片品質較 MPEG-1 支援的錄影帶與 VCD 高出許多。

MPEG-4 規格畫壓縮比較高，MPEG-4 的壓縮率是 MPEG-2 的 1.4 倍，影像品質接近 DVD，同樣是影片檔案，以 MP4 錄製的檔案容量會小很多，所以除了網路傳輸外，目前隨身影音播放器或手機，都是以支援此種格式為主。例如以 MPEG 4 儲存 2 小時的影片，則約需要 650 MB 的硬碟空間，這可以放入一片 CD 片內。

MPEG-7 並不是一個視頻壓縮標準，它是一個多媒體影音資料內涵的描述介面（Multimedia Content Description Interface），其中包含了更多的多媒體數據類型，主要目的是希望使用者能夠快速且有效地查詢與檢索不同的視訊資料。MPEG-21 正式名稱是「多媒體框架」，是個還在陸續發展中的新標準，期望能將不同的協議、標準和技術等融合一起，為未來多媒體的應用與相關資源提供一個完整的平臺。

5-4-2 AVI

Audio Video Interleave，即音頻視訊交叉存取格式，是由微軟所發展出來的影片格式，也是目前 Windows 平台上最廣泛運用的格式。它可分為未壓縮與壓縮兩種，一般來講，網路上的 avi 檔都是經過壓縮，若是未壓縮的 avi 檔則檔案容量會很大。

5-4-3 DivX

由 Microsoft mpeg-4v3 修改而來，使用 MPEG-4 壓縮演算法，最大的特點就是高壓縮比和清晰的畫質，更可貴的是 DivX 的對電腦系統要求也不高。

5-5 認識串流媒體

串流媒體（Streaming Media）是一種網路多媒體傳播方式，它是將影音檔案經過壓縮處理後，再利用網路上封包技術，將資料流不斷地傳送到網路伺服器，而用戶端程式則會將這些封包一一接收與重組，即時呈現在用戶端的電腦上，讓使用者可依照頻寬大小來選擇不同影音品質的播放。像是 HBO GO、愛奇藝、KKTV、myVideo、Google Play 電影等，是台灣主要的影音串流平台。

＜線上串流平台 - 愛奇藝＞

5-5-1 串流媒體的特點

使用者不需等到整個影片傳送完，就可以觀賞，除了影片一開始播放的時候會有資料緩衝（Buffering）的延遲之外，幾乎不需要花費太多時間等待。這些影音封包在送達使用者的電腦之後，會依檔案格式由適當的播放軟體播放，例如 Windows Media Player、Real Player 或 QuickTime Player。

從技術上來看，串流媒體就是利用一塊緩衝區記憶體，在未完全收到所有影音資料前即可開始播放，在播放前可預先下載一段資料作為緩衝，藉以減少等待的時間。這些訊號就是這樣不停的串起來由伺服器傳送到用戶端，產生一個持續不斷的訊號流。串流媒體的優點是即時播放，節省下載時間，而且不需先下載影音檔案，所以不會佔據硬碟空間。缺點是為了方便網路傳輸，通常經過壓縮處理，因此影音品質較差。另外如果要觀看影音時，必須要連上網路才能瀏覽。

由於串流媒體傳播方式不同於傳統媒體，因此傳統影音媒體的檔案格式不一定可以直接在網路上以串流方式傳播。為了讓影音檔案更小、畫質更佳，又能流暢播放，各家視訊公司紛紛推出各自的影音串流格式，請看以下介紹。

5-5-2 RA 格式

這由 RealNetwork 公司所發展的 Real Audio 格式，副檔名為 *.ra，特點是可以在較低的頻寬下提供優質的音質讓使用者透過線上聆聽。各位可以從網路上下載一個多媒體音訊檔案，然後使用 Real player 來播放。目前網路有 RealPlayer 及 RealPlayer G2 兩種版本可下載。

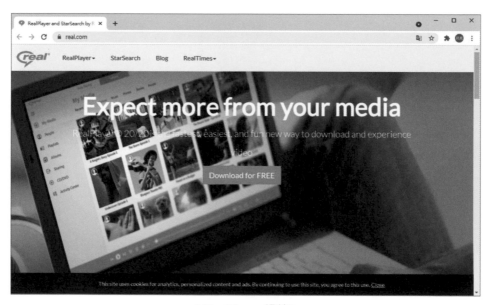

< RealPlayer 網站 >

5-5-3 WMA 格式

WMA（Windows Media Audio）為眾多 Windows 使用者熟悉，特色是檔案小，畫質佳，因此很適合網路上播放。它的核心技術是 ASF（Advanced Streaming Format，高級流格式）。可以使用微軟在 Windows 作業系統中整合的 Windows Media Player（媒體播放器）來播放。由於 WMA 支援串流技術，可讓音訊檔的讀取與播放同時進行，讓使用者能悠閒的享用線上廣播功能。

<線上廣播網頁>

5-5-4 Mov 格式

QuickTime 是由蘋果電腦所開發的影音格式，以超高畫質與完美音效著稱，所以很多精彩的電影預告片，幾乎都以 QuickTime 格式為首選。常見的過去為 Mac 平台所使用的影片格式，不過現今的 PC 平台也有 QuickTime 軟體的播放程式。

5-6 從 YouTube 下載與上傳視訊檔

YouTube 是設立在美國的一個全球最大線上影音網站，每月超過 1 億人次以上人數造訪，讓會員可以將自製的視訊短片上傳至網站上，分享給其他同好者觀看，欣

賞 youtube 影片、聽音樂已經成為許多人生活中不可或缺的一個動作。大多數上傳影片者皆為業餘的個人，但也有一些影視或傳播公司，也會透過此網站來增加曝光與推廣的機會。網站上的影片包羅萬象，任何的影片，網友皆可直接開起來欣賞，對於有興趣的主題，也可以透過搜尋功能來找到相關的影片。

如果你想上傳影片到 YouTube 網站，則必須要有 Google 帳號才行。會員原則上可上傳 15 分鐘長度的影片，如果要上傳更長的影片，也可以再申請放寬限制。在影片格式方面，不管是 mov、mpeg4、avi、flv、wmv、mpegps、3gpp、webm 等格式，YouTube 都可支援。另外，很多的視訊編輯軟體也有提供現成的輸出功能，讓使用者可以輕鬆將製作完成的影片上傳到 YouTube 上。這一小節就針對從 YouTube 下載與上傳視訊檔的技巧做說明。

5-6-1 從 YouTube 下載影片

對於有興趣或收藏價值的影片，可以利用 Freemake Video Downloader 這套程式來下載。Freemake Video Downloader 是一套免費的軟體，可以從各種的社群網站，如：YouTube、Facebook、Vimeo、TubePluse…等下載視訊，並且選擇想要轉換成的視訊格式。

請各位前往 Freemake 網站（網址為 https://www.freemake.com/tw/），然後點選 Freemake Video Downloader 的超連結，就會看到一個空白的欄位可以讓你貼入超連結的網址。

❶ 輸入網址「https://
www.freemake.
com/tw/」

❷ 按此超連結

接下來要示範如何從 YouTube 上將影片下載下來。

❷ 按「Ctrl」+「C」
鍵複製網址

❶ 找到要下載的影片

❸ 按此欄位將網址貼入

❹ 按下「Download now」鈕

❺ 稍等一下，就會看到下載的檔案，按此可以選擇「在資料夾中顯示」的指令

下載完畢，直接點選影片縮圖，即可在電腦上觀看影片。

5-6-2 從 YouTube 上傳影片

各位學會了下載影片的方式後，也可以準備將自製的行銷影片上傳到 YouTube 網站上。首先當然要有一個 Google 帳號，如果沒有 Google 帳戶，請自行申請。申請帳戶後，即可由 YouTube 網站的右側進行「登入」的動作：

❶ 首先輸入 YouTube 網址

❷ 按此鈕可登入帳戶，或是新增帳戶

登入個人帳戶後，右側就會看到圓形的圖示鈕，透過該鈕即可進行登出、或是個人帳戶的管理。如下圖示：

❶ 按下此鈕

按此鈕可登出帳戶

❷ 按此鈕可做 YouTube 設定

請各位將自製的影片準備好，我們準備上傳影片。

❶ 按此鈕，下拉選擇「上傳影片」指令

❷ 將要上傳的檔案拖曳到此圖鈕中

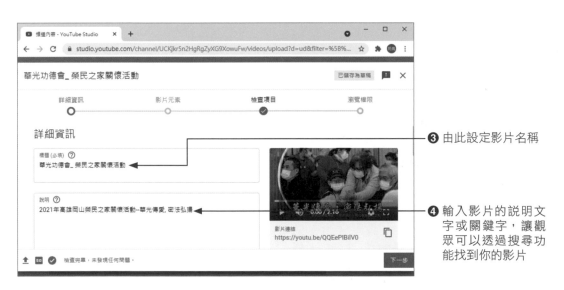

❸ 由此設定影片名稱

❹ 輸入影片的說明文字或關鍵字，讓觀眾可以透過搜尋功能找到你的影片

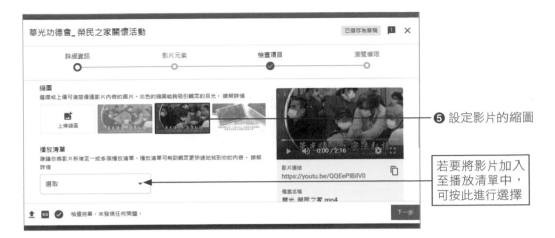

❺ 設定影片的縮圖

若要將影片加入至播放清單中，可按此進行選擇

❻ 設定目標觀眾是否為兒童

❼ 在此插入標記文字

❽ 下拉設定影片語言

❾ 勾選是否允許影片嵌入，以及是否發布至訂閱內容動態消息並通知訂閱者

❿ 設定影片的類別

⓫ 按「下一步」鈕

「影片元素」的步驟主要設定是否加入「新增結束畫面」與「新增資料卡」，方便用戶向觀眾顯示相關的影片、網站或行動號召。如果尚未決定，可以事後再設定

⓬ 先按「下一步」鈕

⓭ 按「下一步」鈕

⓮ 設定儲存或發布的方式是否為公開

⓯ 按此鈕發布影片

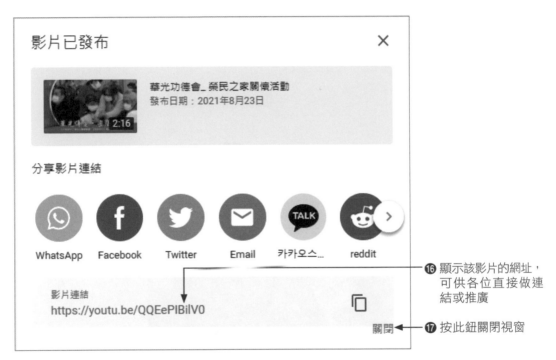

⓰ 顯示該影片的網址，可供各位直接做連結或推廣

⓱ 按此鈕關閉視窗

在步驟 12 的畫面中我們提到，「影片元素」主要設定是否加入「新增結束畫面」與「新增資料卡」，這是 YouTube 影片上傳時新增加的功能。這裡簡要說明如下：

◆ **新增結束畫面：**可在影片片尾加入最新上傳的影片或最符合觀眾喜好的影片，好讓觀眾可以繼續觀看你的影片，或是顯示「訂閱」鈕可直接訂閱你的頻道。

影片結束前,直接點選影片圖示,就可繼續觀看同品牌的影片

影片結束前可加入「訂閱」鈕,方便網友訂閱你的頻道

◆ **新增資料卡:**資訊卡是在影片的右上角出現 🛈 的圖示,點選可以看到說明的資訊。透過資訊卡可以連結到宣傳的頻道、影片、播放清單、或網站,其中連結網站必須加入 YouTube 合作夥伴計畫才能使用。

影片開始播放時所顯示的建議影片

5-6-3 YouTube 影片管理

完成 YouTube 影片的上傳後,各位可以在左側的「影片」標籤中看到剛剛上傳的影片以及各項的資訊,包括瀏覽權限、限制、發布日期、觀看次數、留言數、喜歡的比例等。

「影片」標籤

顯示剛剛上傳的影片

影片如需變更「公開」或「隱藏」，可直接點選「瀏覽權限」的欄位進行變更，若是原先編輯的資料有所錯誤，可將滑鼠移入影片說明的文字，它會自動出現如下圖所示的按鈕，按下「詳細資料」鈕可回到原先的上傳資料的畫面進行修改。

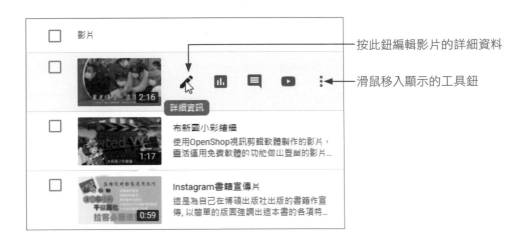

按此鈕編輯影片的詳細資料

滑鼠移入顯示的工具鈕

除了以 ✏ 鈕編輯詳細資料外，按下「選項」⋮鈕則可取得分享連結、宣傳、下載、或是進行刪除等動作，讓你輕鬆管理你的影片。

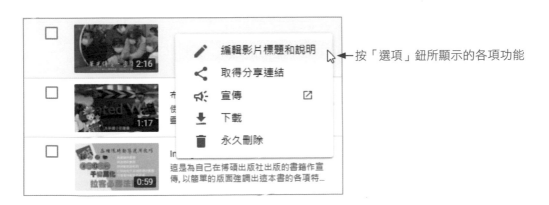

按「選項」鈕所顯示的各項功能

5-7 好用的視訊壓縮工具 VidCoder

各位使用視訊剪輯軟體所輸出的影片檔，通常檔案量都非常的大，以 1280 x 720 的影片尺寸為例，10 分鐘的影片有可能就要 400 MB 以上，這樣的檔案量在上傳時要花費不少時間，而且不利於傳輸和分享，有的社群還有檔案量的限制，所以最好能利用視訊壓縮程式將影片檔壓縮後再進行上傳。

這裡要跟各位介紹的視訊壓縮工具是 VidCoder，這是一款免費又好用的影音轉檔程式，可以將 CD 或 DVD 轉換成 mp4 格式，它的轉換速度相當快，操作也很簡單，且支援多國語言，各位可自行到網路上進行搜尋和下載。

下載後進行安裝，接著由「開始」功能表啟動「VidCoder」程式，依照以下步驟可將視訊剪輯軟體所製作完成的 mp4 影片進行壓縮，讓影片的檔案量變小。如下所示，144 MB 的影片經過壓縮後，就只有 23 MB 左右，各位不妨多加利用，以便網路上的傳輸。

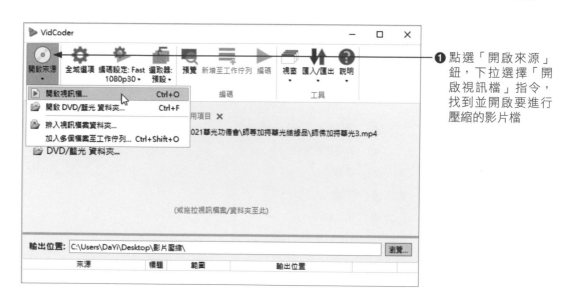

❶ 點選「開啟來源」鈕，下拉選擇「開啟視訊檔」指令，找到並開啟要進行壓縮的影片檔

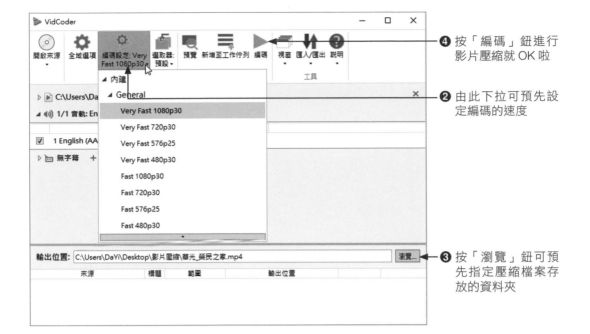

❹ 按「編碼」鈕進行影片壓縮就 OK 啦

❷ 由此下拉可預先設定編碼的速度

❸ 按「瀏覽」鈕可預先指定壓縮檔案存放的資料夾

解析視訊媒體的生手懶人包

NOTE

動畫媒體的
贏家速學筆記

動畫已經成為一種新興時尚的必需品，而且已經無所不在地融入了現代人的生活，不論在影視媒體、網站畫面或廣告畫面的開場中都可以看見它的蹤影，甚至連各位的手機中，也能看到活靈活現的動畫佳作。

<知名遊戲巴冷公主的開場動畫>

　　尤其在目前年輕人最風靡的電玩遊戲，更是將動畫的表現發揮得淋漓盡致。通常比較精緻的遊戲，都會在遊戲中加入美輪美奐的開場動畫，或者為了遊戲關卡與關卡間的串場，常常也需要一些動畫來間接提昇遊戲的質感，並可藉由動畫劇情的展現，為遊戲加入一些令人感動的元素。

<線上遊戲已成為主流的遊戲平臺>

6-1 動畫與電腦繪圖

<電腦繪圖與現代動畫發展是密不可分>

　　電腦繪圖與其他視覺藝術表現工具最大差別，在於電腦繪圖不像過去一樣需要事先準備許多繪圖工具，不僅省去許多前置時間，亦可在繪製過程中依需求隨時修改與儲存，便利的軟體工具能快速將使用者之想法與創意表現出來。進入多媒體時代，由電腦來製作動畫的好處就是可以利用繪圖軟體來大量節省製作每張畫框圖形的時間。特別是電腦動畫繪圖應用範圍很廣，無論是廣告、動畫甚至遊戲製作，都能看見其蹤影。

　　例如當各位打算要製作一張動畫時，可以使用繪圖軟體來製作圖檔，並將這些構成動畫的連續數張圖檔分別儲存成不同檔名的 GIF 檔，接著再使用動畫製作軟體（如 GIF Animator）整合這些圖檔，並針對每張圖檔設定相關的播放速度即可製作小型的動畫檔。

< GIF Animator 可製作小型動畫>

6-1-1 動畫原理

從廣義的角度來看，動畫原理和視訊類似，都是利用視覺暫留原理來產生畫面上的連續動作效果，並透過剪接、配樂與特效設計所完成的連續動態影像動畫。兩者間主要的區別，在於對事物及動作的描述方式不同。動畫是以繪圖軟體或手繪（如卡通）畫面內容以圖畫方式來呈現，可以有比較誇張的動作出現，視訊則是以攝影機的單格拍攝實際物體的景象來表現，所以呈現的動作與情境較為符合現實。

動畫是由連續數張圖片依照時間順序顯示所造成的視覺效果，其原理與卡通影片相同，可以自行設定每張圖片所停滯的時間來造成不同的顯示動畫速度。也就是以一種連續貼圖的方式快速播放，再加上人類「視覺暫留」的因素，因而產生動畫效果。

所謂「視覺暫留」現象，指的就是「眼睛」和「大腦」聯合起來欺騙自己所產生的幻覺。當有一連串的「靜態影像」在您面前「快速地」循序播放，只要每張影像的變化夠小、播放的速度夠快，就會因為視覺暫留而產生影像移動的錯覺，而連續貼圖就是利用這個原理，在相框中一直不斷地更換裡面的相片而已。如下圖所示：

＜不同的動作表情串接在一起，快速播放時就會產生動的效果＞

例如以上的 7 張影像，每一張影像的不同之處在於動作的變化，如果能夠快速的循序播放這 7 張影像，那麼您便會因為視覺暫留所造成的幻覺而認為影像在運動。

這時各位應該了解，動畫效果只不過是快速播放影像罷了。然而在此有一個關鍵性問題值得思考，就是「到底該以多快的速度來播放動畫？」，意即在何種播放速度下會給人類產生最佳的視覺暫留現象？

6-1-2 頁框率 FPS

以電影而言，其播放的速度為每秒 24 個靜態畫面，基本上這樣的速度不但已經足夠令您產生視覺暫留，而且還會令您覺得畫面非常流暢（沒有延遲現象）。由於衡量影像播放速度的單位為「FPS」（Frame Per Second），也就是每秒可播放的畫框（Frame）數，一個畫框中即包含一個靜態影像。

換句話說，電影的播放速度為 24 FPS，這是不是意味著您所製作的動畫也該採用此播放速度呢？答案是，不一定。當然可以採用更高或更低一點的播放速度，基本上 10 到 12 FPS 已經足以產生視覺暫留的效果。

6-1-3 動畫的種類

早期的動畫種類相當多，不管是手繪的、泥塑的、傀儡紙雕、或是木偶動畫，都是採用一格一格的方式拍攝而成，然後再透過連續且快速的播放，使它產生栩栩如生的動作或效果。由於是定格拍攝，因此製作成本高，耗時也長，動用的人力也多。

 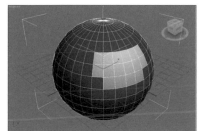 

< 3D 動畫元件的表現效果 >

現在的動畫影片主要是利用電腦來輔助製作，種類包含 2D 動畫與 3D 動畫兩種。2D 動畫就是平面動畫，3D 動畫和 2D 動畫最大的差異之處是模型的建立與否，在本章中都會為您詳細介紹。

6-2 動畫製作的前置作業

2D 動畫為平面圖形所製作而成的動畫，在製作技巧上，可以使用逐格（Frame by Frame）的方式來一格一格的繪製畫面，也可以使用補間動畫（Tweening）的方式來製作。所謂的「補間動畫」，是指給予電腦前後兩個不同的影像畫面，中間的動作變化就可以透過電腦來加入和處理。就像 Flash 軟體，便是透過這樣的方式來製作成動畫，這樣的動畫製作方式，能夠節省很多的人力與物力。

從事動畫產品製作，無論是 2D 或 3D，事前必需做好一些規劃工作，包括腳本設計、圖像動作分鏡、文字對白、造形設計、鏡頭畫面和背景繪製等等。尤其首先必須完成腳本作業與分鏡設計的前置程序。請看以下說明：

6-2-1 故事腳本

為了使動畫畫面中所有圖像、音效、角色及互動影像按鍵位置能夠清楚明瞭，讓設計者詳細掌控整個動畫鏡頭演出流程與架構，腳本設計的流暢性與合理性，因此成為動畫設計成功與否的重要關鍵。通常一個場景需要一份腳本設計，也就是在動畫作品中出現的所有物件，必須在腳本上詳細說明產生方法和動作。

這些前置的工作都可以先行在紙上作業，把相關的問題點列出，故事大綱、取景角度、場景分配、秒數設定…等問題都仔細規劃完成後，再依照計畫來進行資料的收集，以及元件、場景的繪製。尤其是多人共同製作的中／大型動畫，也可以透過腳本企畫書來進行溝通、進度掌控、或任務的分配。

6-2-2 角色設定

當腳本確定之後，接下來就是角色設定。對於較有故事性或規模較大的動畫製作，通常在一開始時會先設定男／女主角、配角、反派角色…等各種角色人物。設定時可透過人物設計表格來將角色的特徵作完整的呈現，屆時可交由美術設計師進行人物角色的設計，或是自己本身就喜歡塗鴉，即可自由的發揮創作。

特徵名稱	設定
姓名	巴亞多
年齡	23
身高	181 公分
體重	65 公斤
個性	火爆、見義勇為、擁有特殊神力
衣著	G 星球原住民勇士的傳統服飾
人物背景	農村長大、體形高大壯碩

<角色人物的設計表格，可讓角色的特徵一目了然>

6-2-3 場景設定

2D 動畫事先必須由設計者設置多個場景，方便作故事的串接。如下面所示的故事腳本，這是敘述一個負心漢與胖妹妹相約在一家美容 SPA 店附近，胖妹妹得知分手的訊息，淚水失控潰堤、痛哭失聲，負心漢頭也不回的離開現場。胖妹妹待情緒穩定後，看到美容 SPA 店，於是興起美容瘦身的念頭，並幻想自己美麗窈窕的身影。持續一段時間美容與瘦身的課程，終於有了一些成果。胖妹妹於是約了負心漢到 SPA 店附近，一台高級汽車行駛而來，下車是擁有一雙美腿的辣妹，負心漢忍不住吹口哨讚賞，等看到辣妹的容顏之後，發現是胖妹妹驚訝不已。

像這樣的故事腳本，場景設定就可規劃為 SPA 店內與 SPA 店外兩個不同場景，透過場景的切換，便能完整地介紹整個故事，這樣不但可以增加動畫的可看性，也能讓動畫不落於單調。

<將不同的場景串接起來，可完整表達故事內容>

6-2-4 分鏡設計

畫面分鏡設計，相當於一部電影的剪輯過程，運用邏輯排列順序的動作說故事。畫面分鏡藍圖，提供合作團隊與個人製作影像的各項準則與控制影片演出時間的相關標示，而畫面分鏡頭草圖，更是繪製鏡頭畫面（如背景景深縮放、光影方向視點）創作設計的重要依據。

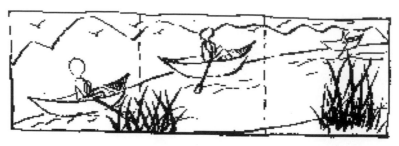

<平行移動鏡頭>

<正面移動鏡頭>

　　另外依照 2D 繪圖畫面中所繪景物的層次區分，大致可分為前景、背景與移動物件三種層次。對於會移動的物件或會產生變化的景物，還必須先行繪製其中的變化表現。

　　至於製作 2D 動畫有許多方法，通常可以直接利用 2D 動畫軟體來產生，像 Flash 就是一個頗受使用者歡迎的動畫編輯軟體，所製作的動畫可運用在網頁效果。另一種則是利用貼圖方式產生動畫，這種方式是由一張圖接著一張圖快速地播放來產生動畫的效果，例如許多遊戲中的動畫效果都經常運用這種技巧。

6-3 2D 動畫簡介

　　2D 動畫主要是以手繪為主，再逼真也有限，也就是 2D 動畫中每個景物皆以平面繪圖方式達成，如果將物體上任何一點引入 2D 直角坐標系統，那麼只需（X、Y）兩個參數就能表示其在水平和高度的具體位置。因此無法顯現出物體在空間中的立體感。在尚未開始說明 2D 動畫的原理與製作之前，首先必須對 2D 繪圖的座標系統有基本的認識。

　　我們可以從兩個不同角度來探討 2D 座標系統：一種是數學 XY 座標系統；另一種則是螢幕 XY 座標系統。充份了解這兩者間的特點及圖示外觀，會對各位日後在 2D 空間的繪圖上有相當的幫助。

6-3-1　數學 XY 座標系統

在 XY 座標系統中，X 軸代表橫向，座標值是向右方遞增；而 Y 軸代表縱向，座標值是向上方遞增。

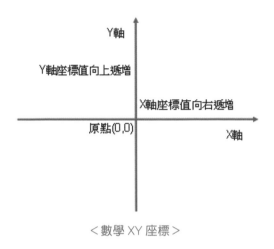

<數學 XY 座標>

6-3-2　螢幕 XY 座標系統

螢幕座標和數學上的 XY 座標系統有所不同，也是日後動畫在電腦螢幕上呈現的真正座標系統。它的 Y 座標值是向下遞增的，XY 座標如果為負值的話，它會位在螢幕外的座標系統中。

至於螢幕座標系統的大小，由螢幕的解析度來決定，而解析度的高低取決於顯示卡或螢幕設備的支援能力，常見的螢幕顯像解析度有「640X480」、「800X600」及「1024X768」。例如「640X480」是指 X 座標軸上有 640 個像素點（Pixel）、Y 座標軸上有 480 個像素點。

<螢幕 XY 座標>

6-3-3 2D 繪圖儲存模式

動畫是由一張一張的圖所構成，因此對於 2D 圖形只需考慮所顯示景物的表面形態和平面移動方向情況即可。至於圖形的儲存方式可區分為位元影像圖（Bitmap）與向量圖（Vector）方式兩種。位元影像圖（Bitmap）也稱點陣圖式（Bitmapped image），純為像素（pixel）所組成，如果一張圖內點像素越多則圖形越細緻，最常見的副檔名就是未經壓縮的 bmp 和 gif、jpg 等，例如一般的數位相片。

6-4 2D 貼圖技巧

所謂貼圖，就是一種將影像圖片貼在顯示卡的記憶體上，再經由顯示卡呈現於螢幕上的過程，各位只要找出螢幕上圖片呈現位置的左上角 XY 座標及本身的長與寬，就可以運用如 GDI、Windows API、DirectX 或 OpenGL 等程式設計工具等工具中的函式，將圖片貼在螢幕上了。

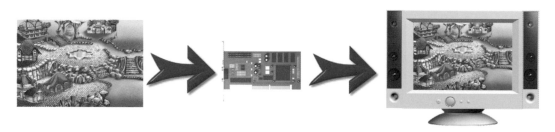

<影像圖片貼圖示意圖>

例如一維連續貼圖，可以包含兩個部份，一個是放圖片的框框，如同日常生活的相框一樣；而另一個是圖片，也就是放在相框裡的照片一樣。如下圖所示：

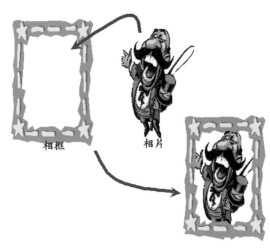

相框　　　相片

<連續貼圖步驟>

另外在橫向捲軸的 2D 遊戲中,我們也經常以背景循環貼圖方式來產生不錯的動畫效果,也就是利用「循環貼圖」方式,不斷地進行背景圖的裁切與接合,再顯示於視窗上,所產生的一種背景畫面循環捲動的效果。以下就來簡單為您介紹 2D 遊戲中經常運用到的動態背景表現手法:

6-4-1 單一背景捲動

單一背景捲動的方式是利用一張相當大的背景圖,當遊戲進行的時候,隨著畫面中人物的移動,背景的顯示區域便跟著移動。要製作這樣的背景捲動效果事實上很簡單,我們只要在每次背景畫面更新時,改變要顯示到視窗上的區域就可以。例如下面的這張背景圖裡,由左上到右下畫了 3 個框框代表要顯示在視窗上的背景區域,而程式只要依左上到右下的順序在視窗上連續顯示這 3 個框框區域,就會產生背景由左上往右下捲動的效果:

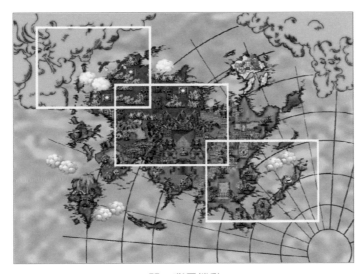

<單一背景捲動>

6-4-2 單背景循環捲動

循環背景捲動就是不斷地進行背景圖的裁切與接合,也就是將一張圖的前頁貼在自己的後頁上,然後顯示於視窗上所產生的一種背景畫面循環捲動的效果。如下圖所示:

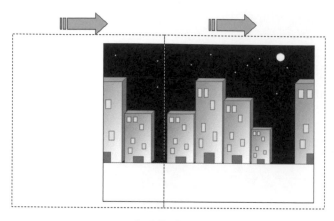

<背景循環捲動>

假設地圖會不斷的捲動，則貼圖時右邊的顯像方塊所指定的圖片來源區域會逐漸變窄，消失的部份則在左邊的方塊再度貼出，其道理就如同幻燈片播放，將圖片的尾端與前端接起來，再不斷的捲動播放，如下圖所示：

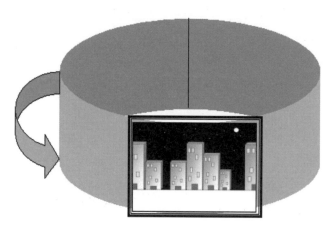

<不斷捲動播放效果>

對於這樣的捲軸動畫，各位只要兩個貼圖指令並配合固定時間播放就可以製作，比較需要注意的就是圖片的接合問題而已，為了突顯動畫效果，還可以在捲動中加上一個人物作為位移的對比，如下圖所示：

<人物捲軸動畫效果>

在圖中的人物事實上是靜止不動，由於背景捲動的關係，使得人物像是在進行走動，利用背景與前景的位移關係以製作出動態效果。

6-4-3 多背景循環捲軸

多背景循環捲軸的原理其實與之前所談的類似，由於不同背景在遠近層次上以及實際視覺移動速度並不會相同，因此以貼圖方式來製作多背景循環捲軸時，必須要能夠決定不同背景貼圖的先後順序以及捲動的速度。例如底下是我們所設計的多背景循環捲軸的程式執行畫面，畫面中出現了幾種背景以及前景的恐龍跑動圖：

天空

山巒

房屋

草地

<多背景循環捲軸>

各位觀察上面的這張圖，先來決定要構成這幅畫面的貼圖順序，從遠近層次來看，天空是最遠，接著是草地，因為山巒疊在草地上，接下來是房屋，最後才是前景的恐龍。所以進行畫面貼圖時順序應該是：

天空 -> 草地 -> 山巒 -> 房屋 -> 恐龍

此外，不知各位有沒有發現，當進行山巒、房屋及恐龍的貼圖動作時，還必須要再加上透空的動作，才能使得這些物體疊在它們前一層的背景上。

決定了貼圖時的順序後，接著要來決定背景捲動時的速度，由於最遠的背景是天空。所以當前景的恐龍跑動時，捲動應該是最慢，而天空前的山巒捲動速度應該比天空還要再快一點，至於房屋與草地因為相連所以捲動速度相同，而且又會再比山巒還要快一點，如此便定出了所有背景的捲動速度：

天空 < 山巒 < 草地 = 房屋

6-5 3D 動畫簡介

 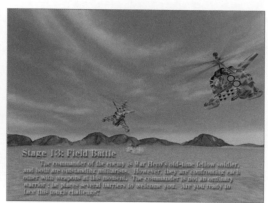

<榮欽科技製作的 3D 坦克動畫場景>

由 2D 空間增加到 3D 空間，則物件由平面變化成立體，因此在 3D 空間的圖形，必須比 2D 空間多了一個座標軸。所謂 3D（Three-Dimension），其實就是三維的意思，也就是 X 軸、Y 軸加上 Z 軸，多了 Z 軸的考量因素，使物件有了前後及景深的效果，而且可以用任何角度去觀賞物件。

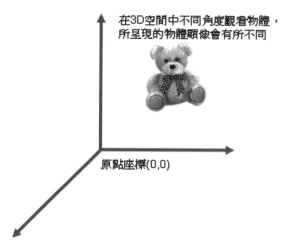

< 3D 空間的圖形座標 >

此外，不同於一般 2D 動畫的製作，3D 動畫需針對不同應用環境的需求，於影像的製作過程中，必須考量場景深淺，精準地掌握雙眼視差的特性。並依據物件的形狀、材質、光線從不同的距離、角度照射在表面之上，所展現出的顏色層次感。接著還要能夠精準地掌握視差的特性，才能適當地顯現具有層次感的立體特效與影像。

6-5-1 3D 繪圖座標系統簡介

由於在 3D 空間中的物件是一種立體的外觀，而螢光幕卻是一種平面，如果要在螢幕中表現 3D 物體，必須將描述 3D 物體的座標轉換到螢幕上的 2D 座標系統，也就是將描述 3D 物體的座標點，投射到 2D 螢幕上。這時可使用如平行投影、透視投影、隱藏線與隱藏面的消除等方法。

在探討 3D 動畫的製作原理之前，我們先來認識直角座標與極座標的不同與轉換。由於直角座標是以 X、Y、Z 軸來描述物體在 3D 空間中的正確座標。除了直角座標外，還有一種座標的表示方式，也常被使用在立體座標系統中物件位置的描述。

極座標的作法是使用 r、θ、a 來描述空間中的一點，底下是直角座標與立體座標兩者的示意圖外觀：

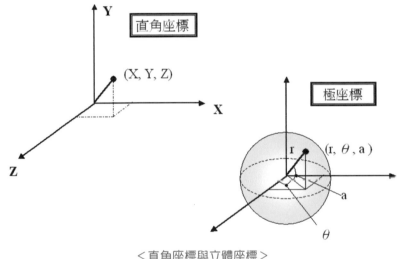

<直角座標與立體座標>

其中 X、Y、Z 與 r、θ、a 的互換公式，必須配合三角函數來進行運算，它們之間的公式對應關係如下列三個方程式所示：

$$x = r \cos \theta \sin a$$
$$y = r \sin \theta$$
$$z = r \cos \theta \cos a$$

6-5-2 3D 動畫的製作

除了腳本設計、圖像動作分鏡、文字對白、造形設計、鏡頭畫面的基本流程外，一部完整的 3D 動畫的製作過程可以劃分成好幾個階段與項目，通常分為建模（MODELING），動畫實作（ANIMATING）以及算圖（RENDERING）、光源處理

（LIGHTING）、特效（PARTICLE SYSTEM）與材質貼圖（TEXTURING）等，並配合光線設定與虛擬攝影機鏡頭角度的變化構繪出畫面的內容，全部的作業都是在立體的虛擬環境中所製作。遊戲開發與設計是一項創意導向的產業，除了講究遊戲的趣味度之外，作品的質感與美感，一向是玩家關注與重視的焦點。

　　例如在早期硬體技術不甚發達的年代，當時的繪圖引擎只能提供一些簡單繪圖函式，玩家可能較注重遊戲的趣味度或刺激性。但今天硬體技術發展的突飛猛進，現在的 3D 加速卡可以進行更複雜的運算，因此在 3D 遊戲中，常常可以看到幾乎達到即時呈像的 3D 場景：

<巴冷公主遊戲中的場景就是由 3D 即時引擎建構出來>

　　至於有關 3D 場景中物件繪製的基本原理，是將其外觀以大量的多邊形組合（通常是三角形）的方式，來逼近其真實的外觀。當然，物體構成的三角形數量越多，其表面平滑的程度就會越高，不過，對 CPU 計算及記憶體造成的負擔也會加重。

　　在下圖中，我們可以看出構成物體三角形數量的多寡，直接影響物體表面的細膩程度。例如繪製 3D 場景為例，這種複雜的場景有可能會包含幾十甚至幾百萬個多邊形，所以要實現這種複雜場景的繪製是很困難的。

<複雜 3D 場景包含了幾百萬個多邊形>

除了只限於物件輪廓的呈現階段，但是真實 3D 場景中物體的繪製，還必須特別考慮每一個面的顏色或材質貼圖，為了達到更具逼真的效果，還要注意到光源環境（包括環境光源、泛光燈或聚光燈等）。當然不同的光源環境因素，會對 3D 圖像呈現的感覺有其直接的影響，甚至還會影響繪圖的速度。

目前有許多功能強大的 3D 立體動畫製作軟體，例如有 3D Studio MAX、Maya、True Space、Virtools 等軟體，在第九章中我們會藉由 Blender 的介紹，來說明 3D 動畫的基本製作流程。

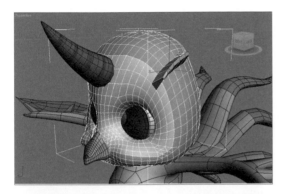
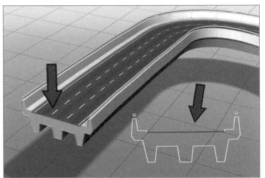

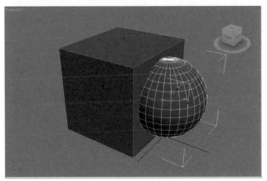

< 3D Studio MAX 3D 設計效果呈現 >

NOTE

超吸睛的 GIMP 影像處理密技

GIMP 是一套相當知名的免費影像處理軟體,功能齊全可媲美專業的影像編輯程式,它提供圖層功能,能進行顏色的修正、也有提供各種的濾鏡特效,讓平面設計師、插畫家、攝影工作者進行影像的編修處理,對於學生、工作室或小企業來說,減少軟體的成本壓力當然是件好事,而且軟體介面也支援中文,所以這裡介紹這套軟體給大家認識。請各位自行到網站上去搜尋「GIMP 下載」並完成軟體的下載與安裝。

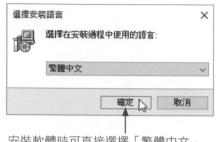

安裝軟體時可直接選擇「繁體中文」

7-1 GIMP 基本操作

這一小節我們針對 GIMP 的操作環境、開啟舊檔、縮放圖片大小、儲存與匯出檔案、建立檔案等作說明,讓你對影像處理有個基本的認識。

7-1-1 認識操作環境

安裝完軟體進入 GIMP 的操作環境,你會看到如下的三大區塊:「工作區」是你開啟和編輯影像檔的區域,左側面板包含「工具箱」和「工具選項」,右側面板則是「圖層」和「筆刷」。

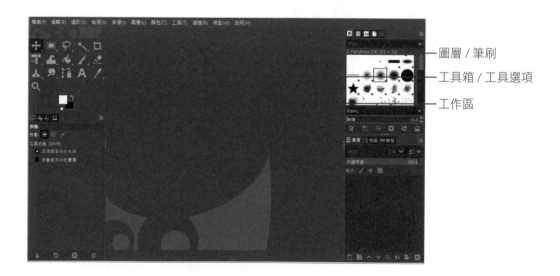

— 圖層 / 筆刷
— 工具箱 / 工具選項
— 工作區

7-1-2 開啟影像檔案

要編修影像當然要開啟檔案,執行「檔案 / 開啟」指令找到影像檔所在處,點選後即可將它開啟於工作區中。

❶ 執行「檔案 / 開啟」指令

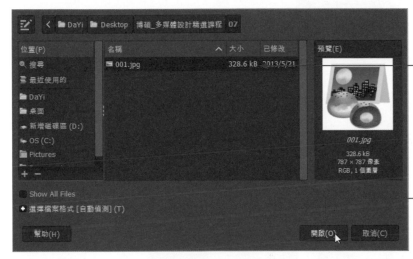

❷ 依序點選檔案存放的位置

❸ 按此鈕開啟檔案

❹ 顯示開啟的影像內容

7-1-3 縮放圖片大小

　　找到要使用的影像後，最常做的工作就是調整影像大小，因為進行影像編修時，並非每個來源影像的大小剛好符合需要，所以縮放圖片大小的技巧不可不知。執行「影像 / 縮放圖片」指令，將會進入下圖視窗：

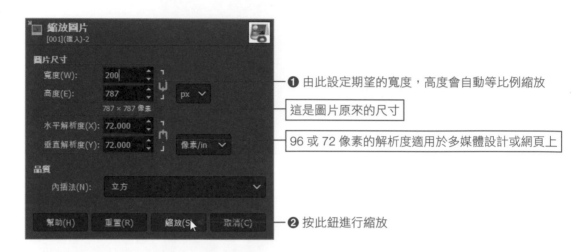

❶ 由此設定期望的寬度，高度會自動等比例縮放

這是圖片原來的尺寸

96 或 72 像素的解析度適用於多媒體設計或網頁上

❷ 按此鈕進行縮放

❸ 影像縮小完成

　　特別注意的是，圖片如果應用在網頁或多媒體設計上，圖片的「水平解析度」與「垂直解析度」設為「72」或「96」像素即可，如果是印刷用的圖片，那麼請將解析度變更為「300」像素，否則印刷品質會降低。

7-1-4 儲存與匯出檔案

　　GIMP 的特有的圖片格式是 *.xcf，當各位編修圖片後，執行「檔案 / 儲存」或「檔案 / 另存新檔」指令只能儲存成 GIMP 特有的格式，這樣的格式可能導致很多的影像繪圖軟體無法讀取。

執行「檔案 / 另存新檔」指令進入此視窗，GIMP 的特有的圖片格式是 *.xcf，

已編修好的圖片如果要轉出到網頁上使用，則請執行「檔案 /Export As」指令，再選用 *.jpg、*.gif 等格式；若是圖片要做印刷出版用，則請選用 *.tif 之類的格式。

❶ 點選「+」鈕才會看到如圖的各種匯出檔案格式

❷ 選定格式後再按「匯出」鈕匯出檔案

7-1-5 建立新的圖片檔

運用 GIMP 這套程式，你可以建立網頁編排、多媒體介面、影片尺寸、標籤、CD 封面…等多種檔案。執行「檔案 / 新增」指令就會顯示如左下圖的視窗，你可以自己輸入圖片的寬度、高度以及方向。如果從「範本」下拉則有右下圖所列的各種範本可以套用。

按下「+」鈕可看到如圖的進階選項

選擇之後按下「確定」鈕，即可顯示空白的圖片讓你進行編輯。進行任何版面的設計編排時，通常建議各位開啟實際要使用的版面尺寸，再將所設計的物件編排在檔案中，這樣比較可以看出整體畫面的效果。

7-2 圖片色彩的調整

看完 GIMP 的基本操作後，接下來探討圖片色彩的調整。GIMP 和一般的影像編輯軟體一樣，能夠調整圖片的顏色，舉凡：色彩平衡、色相及飽和度、亮度及對比、臨界值、色階、著色、曲線、色調分離…等，皆由「顏色」功能表進行選擇。

7-2-1 調整色彩平衡

　　「顏色 / 色彩平衡」指令用來控制影像中各顏色之間的平衡度,也能用來加強中低亮度或是減低過量的部分。如下圖所示,想要增加紅色的比重,就將滑鈕往紅色的地方做移動即可。各位只要有勾選「預覽」功能,進行調整時就可以馬上感受到調整的結果,非常便利。

7-2-2 調整色相及飽和度

　　「顏色 / 色相及飽和度」指令用來控制影像檔中的色相、飽和度及亮度三部分,如下圖所示,將「飽和度」的數值加大,就會看到顏色變得鮮豔亮麗許多。

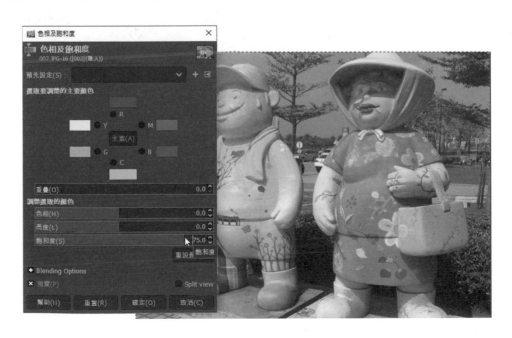

7-2-3 將圖片著色

「顏色 / 著色」指令可將顏色轉換成單一色彩的效果，就如同黑白相片彩洗一樣，著上褐色調就有老舊相片的感覺。

7-2-4 調整亮度與對比

「顏色 /Brightness-Contrast」指令用來調整相片中的亮度與對比。影像的亮度值越高，顏色越接近白色，反之則接近黑色；對比值越高則顏色越顯鮮豔，反差會比較大，反之則接近灰色。

7-2-5 套用臨界值

「顏色 /Threshold」指令是將影像中的顏色反差程度調整到只剩黑色及白色兩個顏色。各位可以由三角形的滑動鈕來調整臨界值的範圍，或是直接以滑鼠拖曳出區域範圍，就可以看到不同的黑白顯示效果。

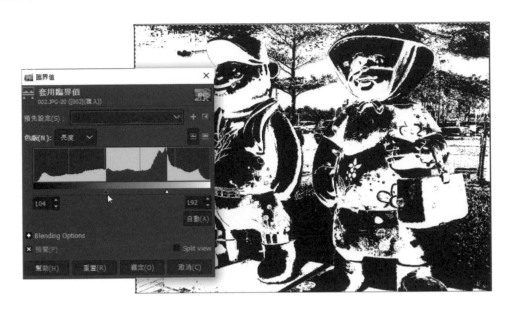

7-2-6 減少顏色數目

「顏色 / 色調分離」指令是依據使用者所設定的顏色階層數日，將影像中色調相近的顏色進行合併，而產生顏色數減少的效果，如下圖所示是色調分離程度設為「2」的效果，數值越大顯示的顏色越多。

7-3 圖片編輯小心思

各位學會了圖片色彩的調整後，接著此節要介紹常用的圖片編輯技巧，圖片剪裁、修補圖片、去除影像背景、相片合成、建立文字等，讓各位輕鬆以 GIMP 編輯圖片。

7-3-1　圖片剪裁

要使用的圖片的寬高比例與期望的不同，或是想要裁切圖片讓視覺畫面的效果更凸顯，那麼就來進行圖片的剪裁吧！開啟檔案後，你可以從「矩形選取工具」的左下方選項先設定你要的寬高比或特定的大小，再利用「矩形選取工具」選取要保留的區域，最後使用「影像 / 剪裁為選取範圍」指令就可搞定。

❶ 點選「矩形選取工具」

❸ 在圖片中拖曳出保留的區域範圍，以滑鼠拖曳可調整要裁切的畫面位置

❷ 勾選並下拉選擇「固定的寬高比」，並設定寬高比為「3:2」

❹ 執行「影像 / 剪裁為選取範圍」指令，就可看到相片完成裁切，主題會更強眼

此外，你也可以直接點選「裁切工具」 □ ，在畫面上拖曳出要保留的範圍，按下「Enter」鍵即可搞定。

❶ 點選「裁切工具」

❷ 可以由此設定選項

❸ 拖曳出保留的範圍，按「Enter」鍵確認即可

7-3-2 修補圖片缺失

拍了美美的相片，但是卻有些小缺失出現該怎麼辦？例如美美的臉蛋上長了一顆小痘痘，或是美麗的草坪上出現了一張禁制標語…等，有這樣美中不足的地方，那就利用「仿製工具」來把它給蓋住。「仿製工具」必須先用「Ctrl」鍵指定要複製的區域，這樣才能將該區域複製並貼到要修補的地方。這裡我們以實例來跟各位做說明，告訴大家如何將右下角和左上角的缺角給補齊。

❶ 點選「仿製工具」

❷ 由此調整筆刷大小

❸ 滑鼠移到畫面上，可看出調整後的筆刷大小。加按「Ctrl」鍵並以滑鼠點選此處，使確定仿製的起始點

❹ 滑鼠移到右側後，
開始進行拖曳塗抹，
就可以把桌子補滿

❼ 依序拖曳即可修補
此塊區域

❻ 加按「Ctrl」鍵設定
此處為仿製起始點

❺ 重新調整筆刷大小

透過這樣的方式，各位就可以輕鬆修補影像的缺陷了！

7-3-3　匯出去除背景的插圖

在編排畫面時，我們經常要將圖案的背景進行去除，這樣的去背影像和任何的
畫面編排起來才會好看，否則像貼膏藥一樣就不美觀了。

沒做去背景處理的畫面像貼膏藥一樣

做去背景處理的圖案，可以和任何的背景完美結合

　　要進行影像去背的處理當然背景越單純越好處理，基本上都是利用選取工具來選取範圍；「矩形選取」工具可以選取矩形區域，「橢圓形選取」工具可以選取橢圓形區域，「自由選取」工具是以手繪方式選取任意或多邊形片段的區域，而「智慧型選取」工具是以顏色為基礎來選取相鄰的區域。這四項工具都可以在左側的工具箱找到，選擇任一項工具後，還可透過下方的「工具選項」來進行更深入的設定。

「矩形選取」和「橢圓形選取」工具

智慧型選取工具

自由選取工具

由「模式」可設定選取區的增刪或交集

　　這裡以小猴子畫面為例，告訴各位如何使用「智慧型選取工具」來完成造型的選取。

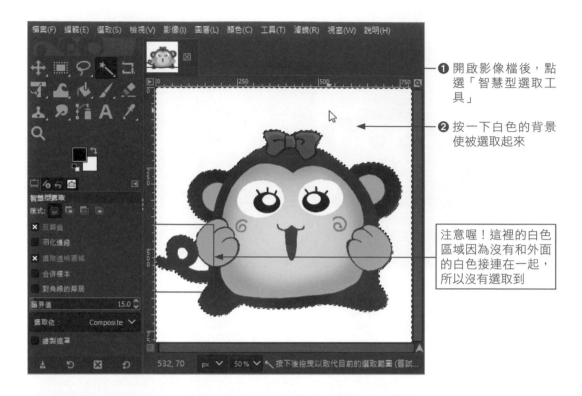

❶ 開啟影像檔後，點選「智慧型選取工具」

❷ 按一下白色的背景使被選取起來

注意喔！這裡的白色區域因為沒有和外面的白色接連在一起，所以沒有選取到

❸ 按此鈕使變更模式為「加入」

❹ 依序點選此二處的白色區域，使加入至目前的選取區域

⑤ 執行「選取 / 反轉」指令，使選取區由原先的白色背景變更為選取猴子圖案

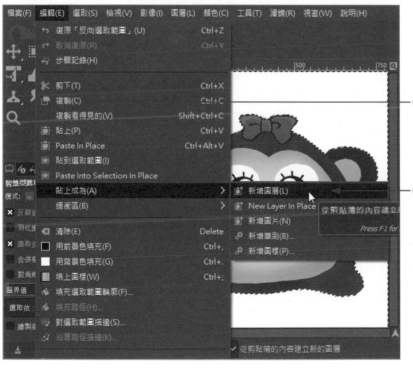

⑥ 先執行「編輯 / 複製」指令，使複製該圖案

⑦ 執行「編輯 / 貼上成為 / 新增圖層」指令，使圖案變成新圖層

⑨ 執行「檔案 /Export As」指令進行匯出

⑧ 按此鈕關閉背景的圖層

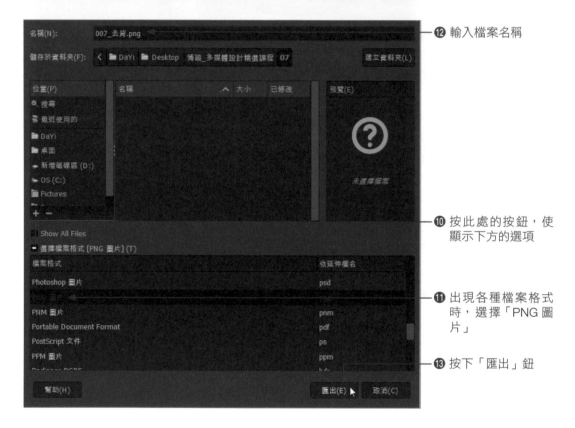

⑫ 輸入檔案名稱

⑩ 按此處的按鈕，使顯示下方的選項

⑪ 出現各種檔案格式時，選擇「PNG 圖片」

⑬ 按下「匯出」鈕

⓮ 設定選項如圖

⓯ 按下「匯出」鈕匯出檔案

完成如上動作後，去背景的插圖就搞定囉！

7-3-4 相片合成與版面編排

「相片合成」是指將兩張以上的影像合併在一張畫面中，使它產生新的畫面或做視覺的傳達。合成影像免不了要將選定的影像複製到其他張的畫面上。這裡我們延續剛剛所選取的猴子圖案，告訴各位如何把猴子圖案與小人國中的場景整合在一起。

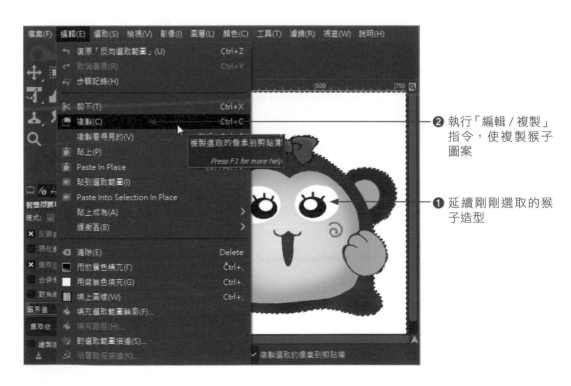

❷ 執行「編輯 / 複製」指令，使複製猴子圖案

❶ 延續剛剛選取的猴子造型

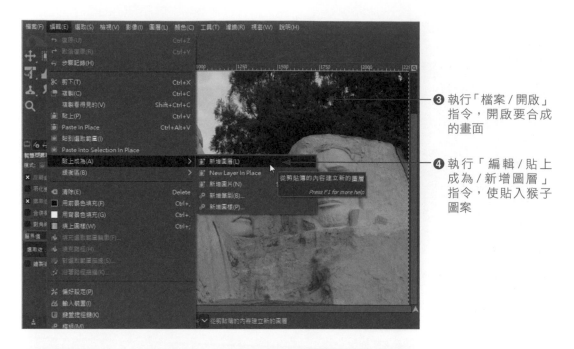

❸ 執行「檔案 / 開啟」指令，開啟要合成的畫面

❹ 執行「編輯 / 貼上成為 / 新增圖層」指令，使貼入猴子圖案

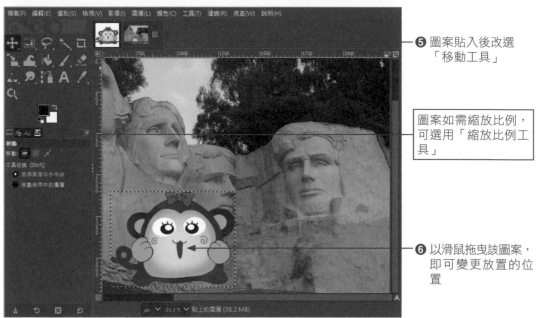

❺ 圖案貼入後改選「移動工具」

圖案如需縮放比例，可選用「縮放比例工具」

❻ 以滑鼠拖曳該圖案，即可變更放置的位置

　　將影像貼入成「圖層」的好處是，任何時候你都可以再次選取該圖層，並執行任何的編輯效果，諸如縮放、移動、變形…等，都不會影響到背景或其他圖層的東西。

7-3-5　建立文字

　　在 GIMP 中要建立文字是很簡單的一件事，因為它會自動將輸入的文字變成文字圖層，所以你可以任意的移動位置，或是進行文字大小、顏色的變更。建立文字時

請選用「文字工具」鈕，另外還可從「工具選項」面板中勾選「使用編輯器」，這樣會另外開啟「GIMP 文字編輯器」視窗讓你編輯文字。我們延續剛剛的範例進行文字的建立。

❶ 點選「文字工具」

❷ 勾選此項會開啟編輯器如下的編輯視窗

❹ 按下色塊，設定文字顏色

❸ 輸入文字內容

❺ 按下「關閉」鈕

❽ 按此鈕，由面板中設定字體

❼ 由此調整文字大小

❻ 選取文字內容

9 改選「移動工具」

10 將建立的文字移到適合的地方即可

圖層面板顯示目前有三個個別的圖層

透過上面所介紹的技巧，你就可以將多個影像整合在一起，有「圖層」的概念，也就可以隨心所欲地進行各項圖層物件的編輯了。同樣地，編排視訊影片的版面也沒有問題，而編排後的物件一樣是透過右下角的圖層面板將眼睛 👁 圖示關閉，讓畫面只顯示要儲存的插圖即可，再執行「檔案 /Export As」指令進行匯出的動作。

透過這樣的版面編排與儲存插圖方式，當你在 OpenShop 等視訊剪輯軟體中匯入檔案，只要拖曳素材到各影音軌中，不用做任何位置調動，版面就可快速編排完成。本章介紹到這裡，相信各位對於 GIMP 這套軟體有更深一層的認識。

Openshot
視訊剪輯攻略

Openshot 影片編輯器是一個獲獎無數的開放原始碼影片編輯程式，適用於 Linux、Mac 和 Windows 等平臺。此軟體支援中文介面，基本的剪輯、轉場效果、視訊標題和配樂都可以輕鬆做到，最重要的是完成的視訊影片不會出現浮水印，對於業餘的家庭影片剪輯都可以輕鬆完成，各位也不需要花錢購買視訊剪輯軟體，就能輕鬆享受視訊編輯的樂趣。

要使用 Openshot 影片剪輯器，請到網站搜尋關鍵字「Openshot」，或是直接輸入以下的網址，即可進行軟體的下載與安裝。

❶ 輸入網址：https://www.openshot.org/zh-hant/download/

❷ 按此鈕進行下載

下載安裝程式並啟動執行檔，請依序選擇「繁體中文」的語言、同意接受各項合約條款、記得勾選「建立桌面圖示」，最後按下「安裝」鈕，即可完成軟體的安裝。安裝完成後，各位就會在桌面上看到「OpenShot Video Editor」的捷徑圖示，雙按滑鼠兩下即可進入它的操作介面。

8-1 進入 OpenShot 剪輯世界

想要編輯視訊影片並不難，通常先把相片、影片、音訊等素材匯入到視訊編輯器中，你可以透過剪刀將不要的視訊片段剪裁掉，使保留精華的部分片段，也可以將一張張的相片串接成影片，用以訴說故事。串接的影片中可以加入轉場效果，也可以加入特效、或是加入標題文字說明影片內容，使強化影片的視覺效果。

　　串接完成的影片必須進行輸出，這樣即使沒有視訊編輯器的人也能觀看影片。如果編輯的影片尚未完成，則必須儲存成編輯器特有的專案檔格式，這樣才能在下一次開啟專案來繼續編輯。所以進入 OpenShot Video Editor 的剪輯世界，當然要對它的操作介面與專案檔有所認識才行，同時知道開啟新 / 舊專案的方式。

8-1-1　認識操作環境

　　OpenShot 的視窗環境和一般的視訊剪輯軟體差不多，都包含了功能表列、預覽視窗、媒體素材區、時間軸等，如下圖所示：

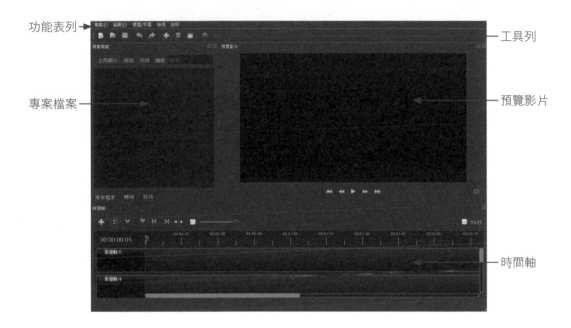

功能表列 → 工具列
專案檔案 預覽影片
時間軸

　　預設值是顯示如上的「簡易檢視」模式，此模式對於初次使用者來說較為適宜，如果各位已熟悉視訊剪輯的技巧，不妨改用「進階檢視」模式，執行「檢視 / 檢視 / 進階檢視」指令就會看到如下的視窗，所增加的「屬性」面板可以讓各位作更多的屬性設定。

8-1-2　開啟新 / 舊專案

　　執行「檔案 / 新專案」指令會開啟一個空白專案，執行「檔案 / 開啟專案」指令則是開啟曾經儲存過的專案。OpenShot 的專案檔格式為 *.osp，專案檔的檔案量通常都很小，因為僅儲存編輯的紀錄，而沒有儲存素材的內容，所以初學者在編輯專案時，最好先將相關的影音素材集中放置在同一個資料夾中，匯入素材時，統一由同一個資料夾進行匯入，這樣才不會發生下次開啟專案時找不到素材的窘境。

屬性面板 →
專案檔案 ─

轉場與特效
時間軸

8-2 素材剪輯攻略報給你知

要剪輯視訊影片並不困難，隨手使用智慧型手機所拍攝的畫面，不管是相片或影片都是你可以利用的素材。這個章節就先來告訴你如何把拍攝的相片匯入到 OpenShot 中進行串接、如何修剪視訊片段、如何調整素材比例使呈現滿版畫面、到最後的影片匯出等，這一小節就讓各位輕鬆把握所有的剪輯要訣。

8-2-1　匯入相片 / 視訊素材

首先將可能使用到的素材放置在同一個資料夾，方便素材的選擇與管理。

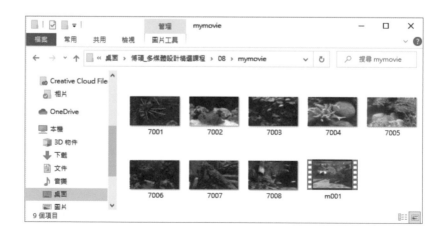

啟動 OpenShot Video Editor 後，執行「檔案 / 匯入檔案」指令或是按下 ➕ 鈕，就能將選定的素材匯入到 OpenShot 中。

❶ 執行「檔案 / 匯入檔案」指令進入此視窗

❷ 切換到資料夾，並選取檔案

❸ 按下「開啟」鈕

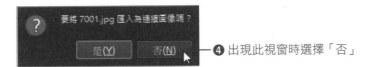

❹ 出現此視窗時選擇「否」

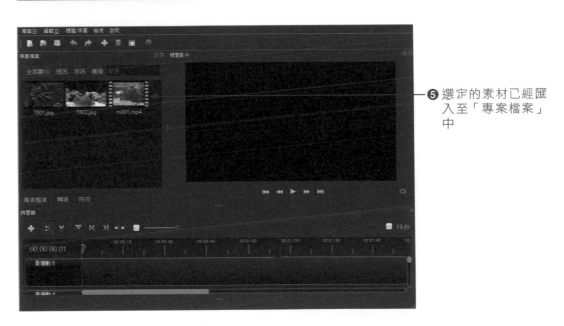

❺ 選定的素材已經匯入至「專案檔案」中

除了利用「檔案 / 匯入檔案」指令匯入素材外，使用拖曳素材的方式也能輕鬆匯入喔！

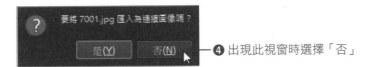

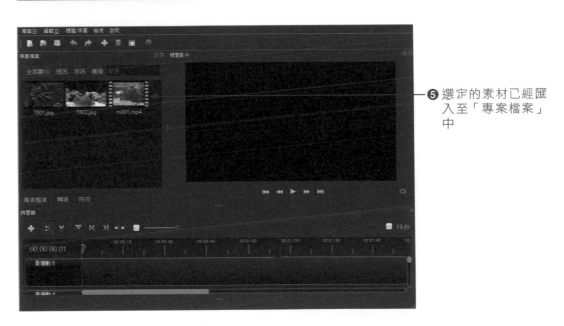

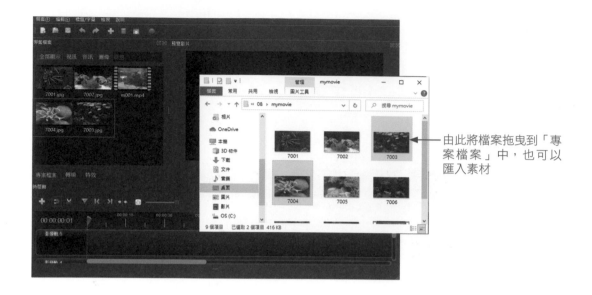

由此將檔案拖曳到「專案檔案」中，也可以匯入素材

8-2-2 修剪影片片段

拍攝的視訊影片通常都需要去頭去尾，才能把精華的部分保留下來。請將影片檔從「專案檔案」區中拖曳到時間軸的「影音軌 1」之中，就可以看到預覽影片畫面。

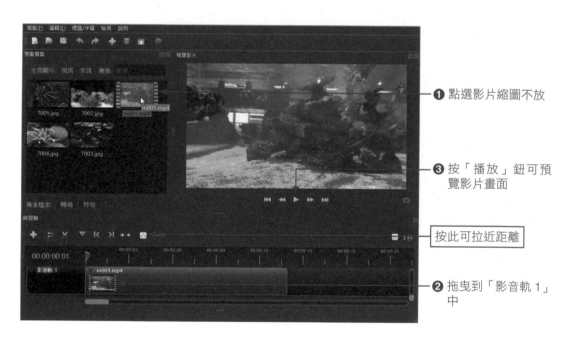

❶ 點選影片縮圖不放

❸ 按「播放」鈕可預覽影片畫面

按此可拉近距離

❷ 拖曳到「影音軌 1」中

OpenShot 時間軸共有五個影音軌可以讓你放置素材，上層的素材可以蓋住下方的素材。第一次使用時建議各位先將素材放在「影音軌 1」之中，這樣就可以從「影片預覽」視窗中看到素材呈現的畫面。

　　從預覽視窗觀看影片片段後，如果想要進行裁剪，可先將播放磁頭放在要修剪的位置上，再按右鍵執行「分割」指令，就可以選擇「保留兩側」、「保留左側」、「保留右側」等選項。

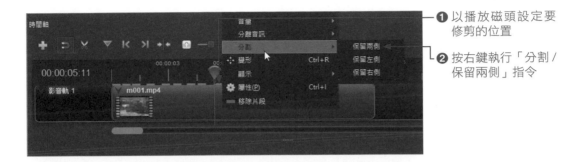

❶ 以播放磁頭設定要修剪的位置

❷ 按右鍵執行「分割 / 保留兩側」指令

❸ 顯示已切割的兩段素材

選取不要的素材，按「Delete」鍵也可以刪除

　　另外，你也可以利用時間軸上的「剪片工具」 ，此工具可以連續進行剪片，剪完之後再點選一次該鈕才算完成剪片工作。

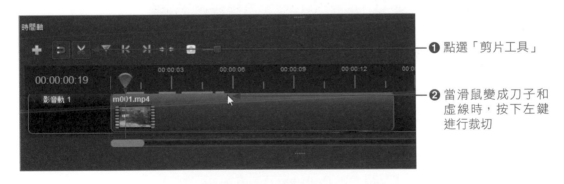

❶ 點選「剪片工具」

❷ 當滑鼠變成刀子和虛線時，按下左鍵進行裁切

❹ 不再剪裁時，按下此鈕表示結束

❸ 繼續剪裁其他地方

8-2-3 串接相片 / 影片素材

　　透過剛剛的「剪片工具」，各位可以輕鬆把影片素材的精華保留下來，除了視
訊外，相片也是可用的素材，只要將相片素材從「專案檔案」面板上拖曳到時間軸
上，讓素材區段與素材區段依序並列在同一影音軌中，就可以串接成影片。

❶ 點選素材縮圖不放

❷ 拖曳到影音軌中，
使接續前面的素材
片段

8-2-4 變更影像素材的長度

　　在預設的狀態下，OpenShot 所插入的影像長度為 10 秒鐘，如果覺得太長想要縮
短，只要按住素材右側往左拖曳，就可以縮減長度。

預設的影像素材長度
為 10 秒

按住此處往左拖曳，
就可以減少秒數

　　如果你覺得這樣縮減相片的長度很麻煩，而且不好控制每張相片的長度都相同，那麼告訴你一個小撇步，執行「編輯 / 偏好設定」指令使進入如下視窗，在「一般」標籤頁中變更「影像長度」的數值就可搞定。

❶ 由此將影像長度從 10 改為 5

❷ 按下「關閉」鈕離開

　　重新將相片素材拖曳到時間軸上，就能看到每張影像素材都擁有 5 秒的長度囉！

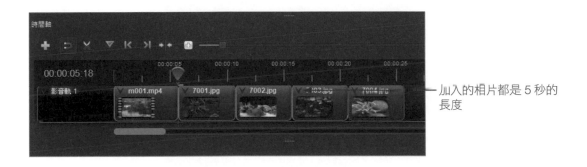

加入的相片都是 5 秒的長度

8-2-5　調整素材比例

　　當各位的素材來自於四面八方，因為不同的拍攝機器，可能使素材比例大小都不相同。所以當素材被串接時，影片周圍會出現黑色的背景。如下圖所示，範例中的影片視訊顯示滿版，看起來較專業，而右側的相片卻在左右兩側出現黑色背景，較不美觀。

<視訊影片顯示滿版>　　　　　　　　<相片素材左右出現黑色背景>

　　想要讓所有的素材都能以滿版的畫面顯示，可以透過「屬性」功能來調整尺寸。設定方式如下：

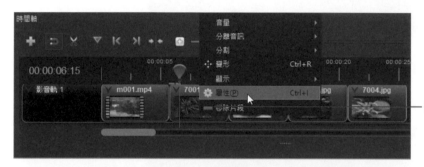

❶ 選取相片素材，按右鍵執行「屬性」指令

❷ 從「屬性」面板的「比例」處，按右鍵執行「拉伸」指令

依序點選影像素材,再由「屬性」面板「拉伸」相片比例,這樣就可以完美地顯示所有畫面囉!

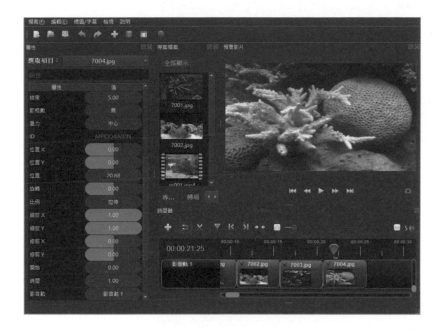

8-2-6　片頭片尾加入淡入淡出效果

要讓影片有開始與結束的感覺,我們可以在影片開始的地方讓它慢慢地由黑轉為顯示畫面,而結尾的地方則慢慢地將畫面轉成全黑。這樣的開頭淡入與結尾淡出效果可利用滑鼠右鍵來完成。

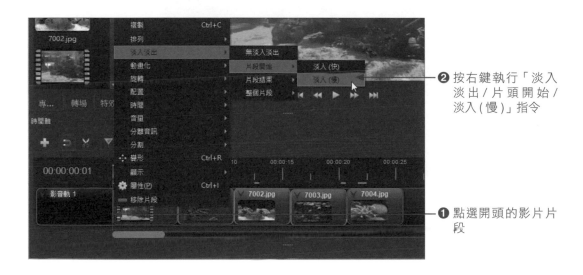

❷ 按右鍵執行「淡入淡出 / 片頭開始 / 淡入 (慢)」指令

❶ 點選開頭的影片片段

④ 按右鍵執行「淡入淡出／片頭結束／淡出（慢）」指令

③ 點選最後的影片片段

設定完成後，將播放磁頭移到最前端，按下預覽視窗的「播放」鈕就可以看到完整的影片內容，包括淡出入的變化。如果你希望每個影片片段都能有淡入與淡出的效果，那麼請依序點選每個片段，再進行剛剛所提及的「片頭開始／淡入（慢）」和「片頭結束／淡出（慢）」的指令即可。

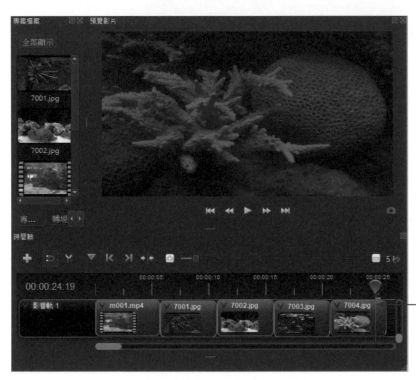

影片播放至此，畫面就會漸漸變暗

8-2-7　匯出影片

好不容易完成的影片，當然要與親朋好友作分享。但是朋友如果沒有 OpenShot 的編輯器是沒辦法觀看專案內容，所以我們必須利用「檔案／匯出專案／匯出影片」指令，將完成的作品輸出成大多數人可以觀看的影片格式。

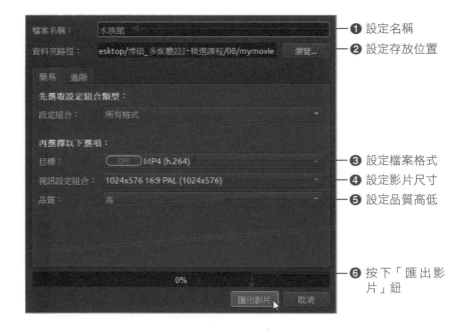

❶ 設定名稱

❷ 設定存放位置

❸ 設定檔案格式

❹ 設定影片尺寸

❺ 設定品質高低

❻ 按下「匯出影片」鈕

當匯出進度跑完之後，開啟指定的資料夾，就可以看到剛剛匯出的視訊影片。

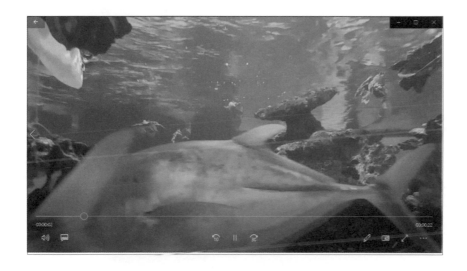

8-3 快速搞定轉場與特效處理

在前面的小節中，各位已經學會使用「淡入淡出」的效果來進行素材與素材之間的轉換，事實上 OpenShot 也有提供各種的「轉場」效果可以使用，還有許多神奇的「特效」可加在素材片段上，像是波浪、平移、模糊…等，讓編輯的影片增添更多的變化。這些轉場與特效都存放在「媒體素材區」，動動手指切換到「轉場」與「特效」標籤就可以看到所有效果。

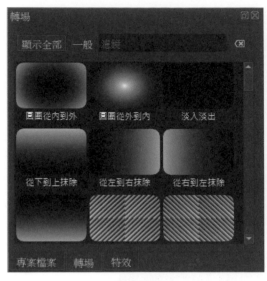

<轉場標籤>

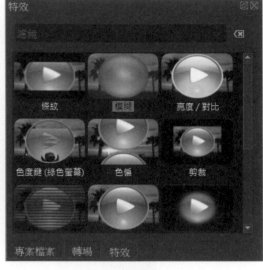

<特效標籤>

8-3-1　加入轉場效果

　　「轉場效果」的作用是在前一段影片和後一段影片之間加入轉換的效果，所以當各位從「轉場」標籤中選定想要使用的縮圖樣式後，就直接拖曳到兩段影片之間即可。加入轉場效果的方式如下：

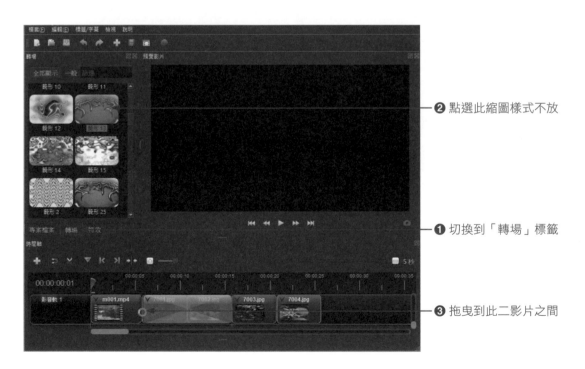

❷ 點選此縮圖樣式不放

❶ 切換到「轉場」標籤

❸ 拖曳到此二影片之間

❹ 拖曳藍色區塊的右
邊界,使區塊顯現
在兩影片之間

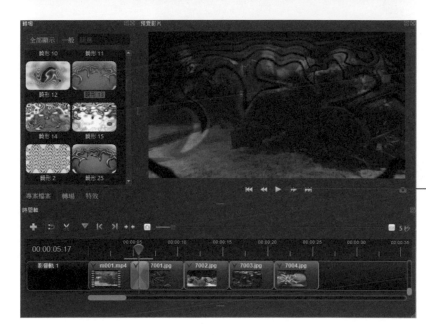

❺ 按下「播放」鈕預
覽影片,就可以看
到轉場效果的轉換
方式

8-3-2 設定轉場效果與屬性

　　加入轉場效果後,按右鍵於該藍色區塊,你還可以進行「反向轉場」或是屬性
的設定,如果不喜歡這個轉場效果,也可進行「移除轉場」的動作。

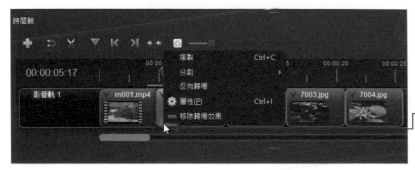

按右鍵所顯示的「反
向轉場」、「屬性」、
「移除轉場效果」等
功能

按右鍵選擇「屬性」指令時，從左側的屬性面板可針對各項屬性進行調整。

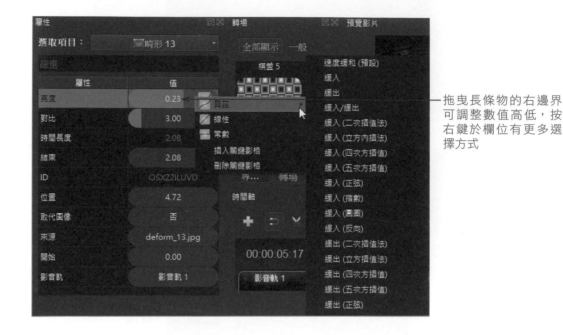

拖曳長條物的右邊界可調整數值高低，按右鍵於欄位有更多選擇方式

8-3-3 加入與設定特效

加入特效的方式與加入轉場效果的方式雷同，由「特效」標籤中選定縮圖樣式後，直接拖曳到影片片段中就算完成。

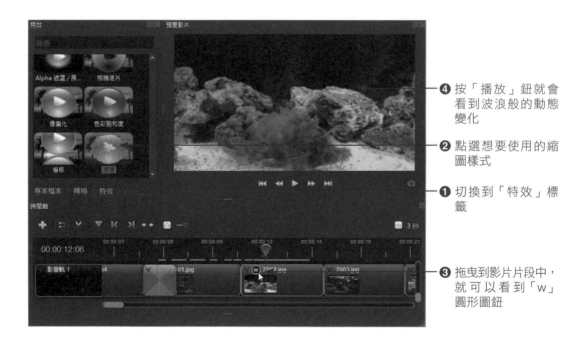

❹ 按「播放」鈕就會看到波浪般的動態變化

❷ 點選想要使用的縮圖樣式

❶ 切換到「特效」標籤

❸ 拖曳到影片片段中，就可以看到「w」圓形圖鈕

同樣地，按右鍵於「w」圖示上，你可以選擇「屬性」指令來調整該特效的各種屬性，如果不喜歡它的特效就選擇「移除特效」指令來進行移除。

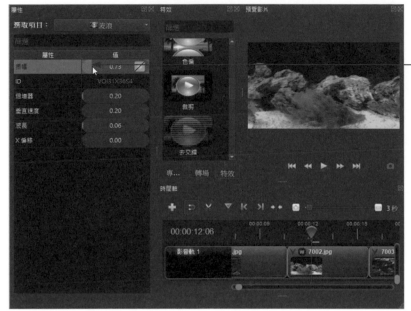

—拖曳長條狀區塊來調整波浪的振幅

8-4 覆疊素材／字幕／音樂

在前面的小節中，我們已對時間軸的「影音軌 1」做了詳盡的解說，相信各位對於影片的修剪、串接、轉場、特效的使用也已經熟悉。接下來的篇幅將介紹覆疊軌的使用，所謂的「覆疊」是指多層次的重疊，只要有多個影音軌道，而上層的影音軌沒有占滿整個畫面，就可以讓下層的影音軌素材顯露出來。影音軌的數量增多可讓畫面產生豐富而多層次的變化。這一小節就來探討覆疊素材、影片字幕與音樂等的使用技巧，讓你可以更豐富影片的視覺效果。

8-4-1 覆疊素材

在預設的狀態下 OpenShot 提供 5 個影音軌，前面我們只使用了「影音軌 1」，其餘的影音軌道都沒有用到，所以影片看起來較平淡些。想要讓畫面變豐富些，就是在其他軌道中放入其他的素材即可。覆疊素材的方式如下：

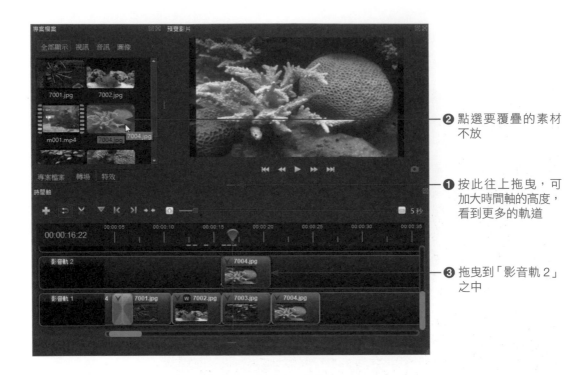

❷ 點選要覆疊的素材不放

❶ 按此往上拖曳,可加大時間軸的高度,看到更多的軌道

❸ 拖曳到「影音軌2」之中

影音軌 2 加入素材後,由於影音軌 2 位於上層,所以幾乎覆蓋了整個版面,你可以透過變形、旋轉或動畫化…等功能來讓上層的畫面小一些,這樣就可以看到下層的影像了。

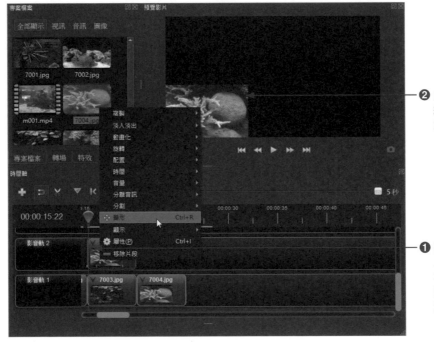

❷ 由預覽視窗將素材縮小,並移到左下角位置

❶ 播放磁頭放在影片片段的開始處,按右鍵於「影音軌2」的素材,執行「變形」指令

❸ 按右鍵於素材上，執行「動畫化／片段開始／邊緣到中央／左側到中央」指令

　　完成如上動作後，按下「播放」鈕預覽視訊，就會看到播放磁頭進入該素材區域時，就會自動由左側移到中央位置停頓下來。同樣地，如果你希望該素材要離開時，可以從中間移到邊緣右側，就請執行「動畫化／片段結束／中央到邊緣／中央到右側」指令。

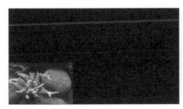  

<顯示上層物件由左側移至中央，再到右側的變化>

8-4-2　覆疊字幕

　　影片開始之處先告知影片主題，這樣觀賞者比較容易抓住重點。加入影片字幕並不難，執行「標題／字幕／標題／字幕」指令就可設定文字效果，設定完標題文字後，再由「專案檔案」標籤中將標題素材拖曳到「影音軌 2」進行覆疊即可。執行步驟如下：

❶ 執行「標題／字幕／標題／字幕」指令使進入此視窗

❷ 選取想要使用的標題範本

❸ 輸入標題的檔案名稱（建議使用英文）

❹ 輸入標題文字

❺ 按此鈕變更字型

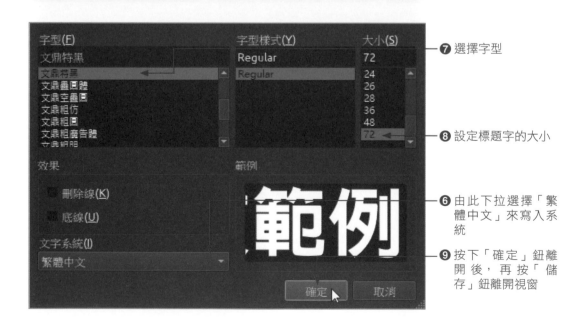

❼ 選擇字型

❽ 設定標題字的大小

❻ 由此下拉選擇「繁體中文」來寫入系統

❾ 按下「確定」鈕離開後，再按「儲存」鈕離開視窗

完成如上動作後，你就會在「專案檔案」標籤中看到製作好的標題素材，將該素材拖曳到「影音軌 2」上，就可以看到標題與「影音軌 1」的素材覆疊的結果。

❸ 顯示兩個軌道覆疊的結果

❶ 點選此標題素材不放

❷ 拖曳到「影音軌 2」的最前端，使顯現如圖

8-4-3 覆疊背景音樂

要在視訊之中加入美妙的背景音樂也沒有問題，請先透過「檔案 / 匯入檔案」指令先將音樂檔案匯入，再將音樂素材拖曳到「影音軌 3」之中，並使其長度與全影片的長度相同即可。

❶ 匯入「01.wav」聲音檔

❹ 按「播放」鈕預覽影音效果

❷ 將聲音檔拖曳到「影音軌 3」之中

❸ 拖曳右邊界，使其長度與「影音軌 1」的長度相同

在預覽影片時，各位會發現影片剛開始時很吵雜，這是因為原先拍攝的「m001.mp4」影片片段中的環境是公共場所，如果你不希望這樣的吵雜聲音出現在影片當中，可以將「m001.mp4」中的影片音量關小。我們透過「屬性」面板來進行調整。

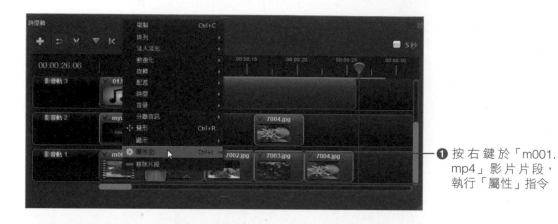

❶ 按右鍵於「m001.mp4」影片片段，執行「屬性」指令

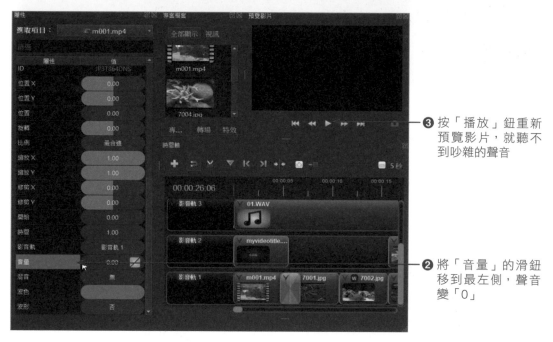

❸ 按「播放」鈕重新預覽影片，就聽不到吵雜的聲音

❷ 將「音量」的滑鈕移到最左側，聲音變「0」

　　限於篇幅的關係，視訊剪輯攻略就為您就紹到此，相信透過以上的功能技巧，您也可以輕鬆做出不錯的視訊影片。

Designed by pikisuperstar / Freepik

Blender 3D
動畫製作

Blender 是一套免費的 3D 動畫設計軟體,可建立 3D 模型、陰影、動畫設計,能進行視訊 / 音訊等後製作處理,且支援 Linux、Windows、Mac OSX 等平台,是目前相當受歡迎、免費又好用的軟體。相較於一般商業用的 3D 繪圖軟體價格都非常的昂貴,免費又好用的 Blender 3D 會是你不錯的選擇。想要下載 Blender 的最新版本來試試,可到它的官方網站去下載。

網址:https://www.blender.org/

❶ 輸入 blender 網址:https://www.blender.org/

❷ 按此鈕進行下載

請依照指示進行下載,下載後啟動 EXE 執行檔,即可進行軟體的安裝。

9-1 熟悉 Blender 操作環境

軟體安裝完成後,各位會在電腦桌面上看到 ⬛ 捷徑圖示,雙按滑鼠兩下即可進入 Blender 的視窗環境。

9-1-1 進入視窗環境

首先讓各位熟悉一下 Blender 的操作介面,因為這次的介面也做了大改版,而且 3D 操作介面較一般的 2D 軟體複雜許多,第一次接觸 3D 軟體者可能看到這麼多的面板而不知所措,加上 3D 模型必須觀看不同的視角,才能真正呈現 3D 物件的造型,所以這小節先針對中文化設定、3D 視窗操作、工具鈕操作、視圖切換等做說明,等各位熟悉 3D 介面的操作技巧後,再來介紹 3D 模型的建立方式。

訊息列

大綱面板

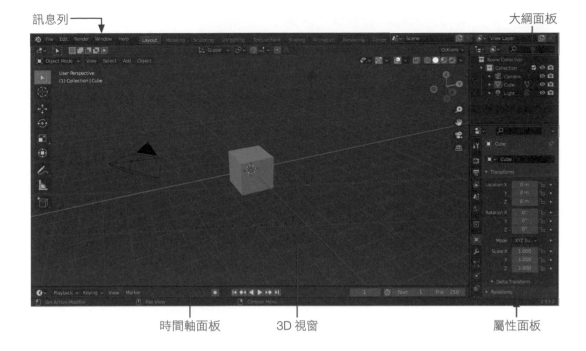

時間軸面板　　　　3D 視窗　　　　　　　　　　　屬性面板

特別注意的是右上方的「大綱面板」，這是顯示 3D 場景中所有包含的物件，如立方體、攝影機、燈光等，而「屬性面板」則是根據你所選定的物件，顯示該物件的所有設定項目。

9-1-2　中文化設定

安裝好的 Blender 程式，在預設狀態是顯示英文化的介面，這對英文不大靈光的用戶來說可能有些吃力，在此告訴各位如何將大部分的操作介面變更為中文，這樣就不用為了翻譯問題而大傷腦筋。請執行「Edit/Preferences」指令，使顯示下圖視窗。

❶ 在「Interface」類別中，按下「Language」的下拉鈕

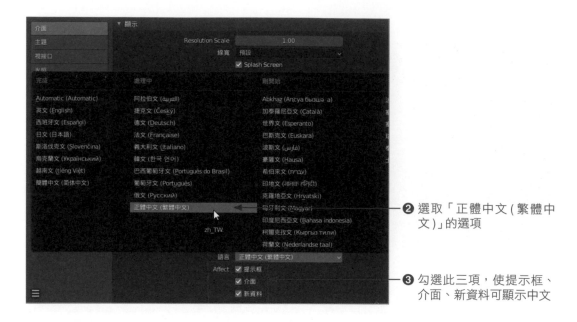

❷ 選取「正體中文 (繁體中文)」的選項

❸ 勾選此三項，使提示框、介面、新資料可顯示中文

　　關閉使用者偏好設定，各位就可以看到除了介面中文化外，連提示框也大都翻譯成中文。

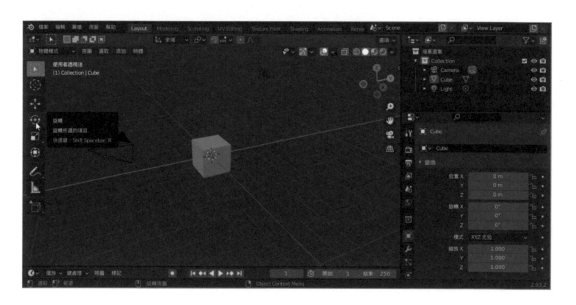

9-1-3 3D 視窗操作技巧

在 3D 的視窗中，各位經常會看到以下幾樣物件，這裡簡要說明一下：

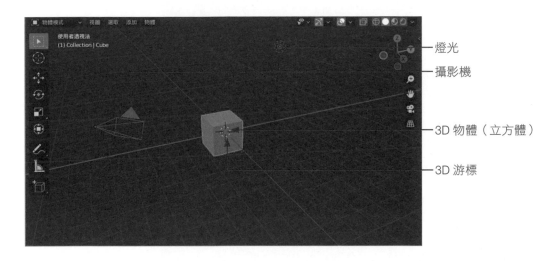

──燈光
──攝影機
──3D 物體（立方體）
──3D 游標

視窗中間所放置的是一個 3D 立方體，利用左側的「框選」▶ 工具可以分別選取攝影機、燈光、3D 物件等，而點選「游標」◉ 則可設定 3D 游標位置，設定 3D 游標位置的目的可讓新加入的 3D 物件顯示在該游標位置上。

9-1-4 添加新物件

在 3D 視窗左上方有提供「添加」鈕，可讓我們新增各種物件，像是球體、立方體、圓柱體、圓錐體…等各種 3D 物件。要添加新物件的方式如下：

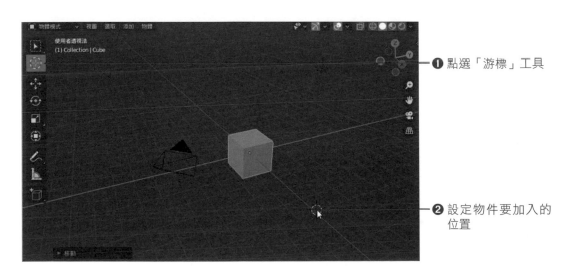

❶ 點選「游標」工具

❷ 設定物件要加入的位置

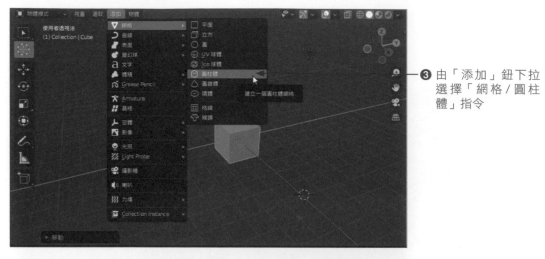

❸ 由「添加」鈕下拉選擇「網格 / 圓柱體」指令

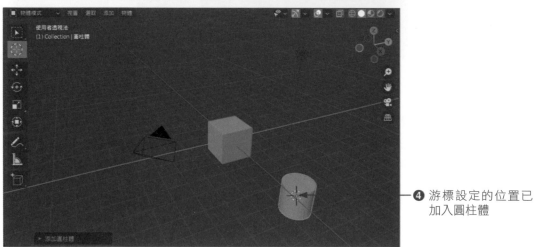

❹ 游標設定的位置已加入圓柱體

9-1-5　顯示 / 隱藏屬性面板

　　剛剛新增的圓柱體，各位可以在視窗的右下角的屬性面板看到它的位置、旋轉、縮放…等相關屬性。

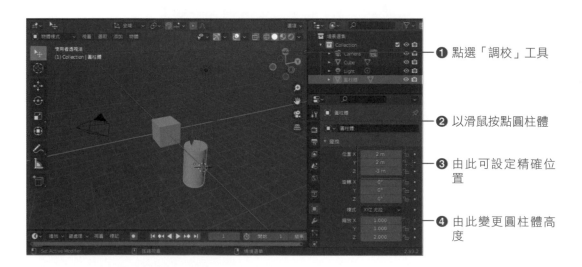

❶ 點選「調校」工具

❷ 以滑鼠按點圓柱體

❸ 由此可設定精確位置

❹ 由此變更圓柱體高度

按住面板左邊界往左拖曳可加大面板的寬度，方便各位看清欄位中的數值，而往右拖曳可隱藏該面板，隱藏面板會加大 3D 的顯示區域，方便使用者看清物件的各種視角。

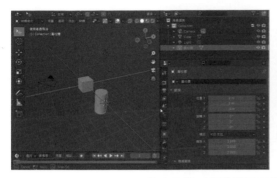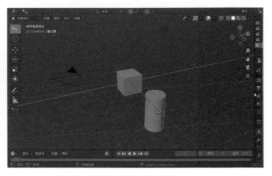

<拖曳屬性面板的邊界可調整屬性面板的顯示與否>

9-1-6 變更視圖的檢視模式

在預設狀態下，Blender 只顯現一個「使用者透視法」的視圖，但是為了方便觀看 3D 物件的造型，一般都要不斷地從造型的上／下、前／後、左／右、或是透視等角度來觀看。要切換到其它的視圖，可以透過「視圖」鈕中的「視點」進行切換。

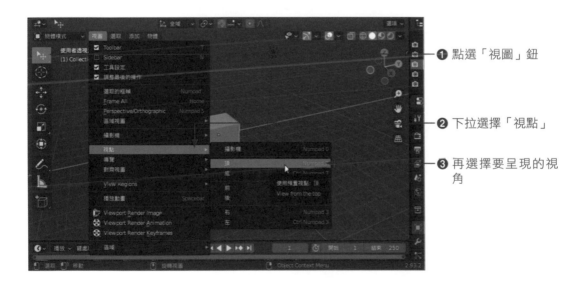

❶ 點選「視圖」鈕

❷ 下拉選擇「視點」

❸ 再選擇要呈現的視角

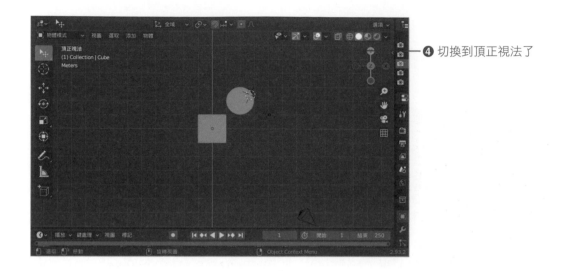

❹ 切換到頂正視法了

9-1-7 視圖的分割與合併

假如各位想要一次就可以看到多個視圖的效果，那麼可以考慮透過以下方式來分割視圖，再進行視圖的切換。

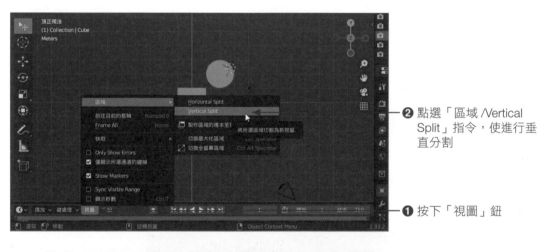

❷ 點選「區域 /Vertical Split」指令，使進行垂直分割

❶ 按下「視圖」鈕

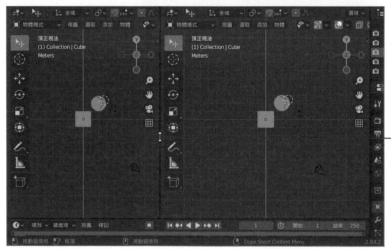

❸ 當視窗中出現灰色的垂直線時，此時按下滑鼠左鍵，就可以看到分割的視圖，而拖曳此邊界線還可調整視圖的大小

④ 依個人需要，由此
變更該視點的位置

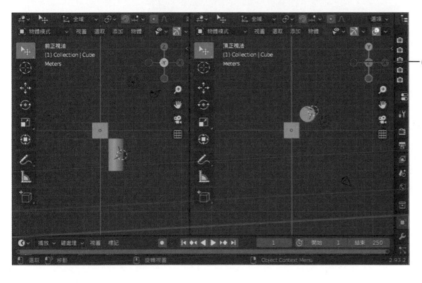

⑤ 瞧！同時顯現前正
視法和頂正視法兩
個視圖

分割視圖後如要合併，可透過一下方進行合併。

❶ 在兩視圖的交接線
處按右鍵

❷ 執行「Join Areas」
指令

❸ 移動滑鼠會出現如圖的箭頭符號，箭頭向右表示左邊視圖會蓋掉右側視圖，箭頭向左表示右邊視圖會蓋掉左邊視圖

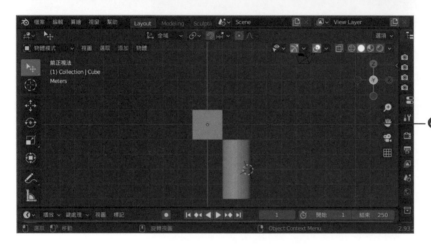

❹ 顯示合併結果

9-1-8 檢視視圖

當你想要進一步檢視視圖，像是拉近 / 拉遠視圖、移動視圖、或是切換成攝影機視角，可透過如下的三個按鈕進行切換。

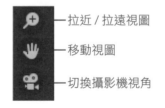

—— 拉近 / 拉遠視圖

—— 移動視圖

—— 切換攝影機視角

要拉近 / 拉遠視圖中的物件，各位可以透過滑鼠中間的滾輪來控制，按住「移動視圖」鈕並拖曳滑鼠，可調整視圖中物件的顯示位置，而按下「切換攝影機視角」鈕則是在目前的視角與攝影機透視圖之間進行切換。

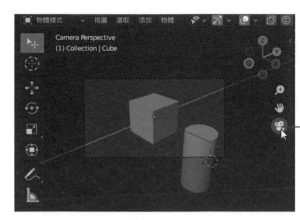

按此鈕可切換到攝影機的視角

9-1-9 算繪影像

進行 3D 模型的製作時，除了視角的切換可以知道整個 3D 造型的外觀外，想要觀看 3D 物件在相機鏡頭下所呈現的畫面效果，則必須算繪影像，執行「算繪 / 算繪影像」指令，或是按「F12」鍵就會針對作用中的場景進行算繪。算繪影像後若要回到原先的視圖，則請按「Esc」鍵跳離。

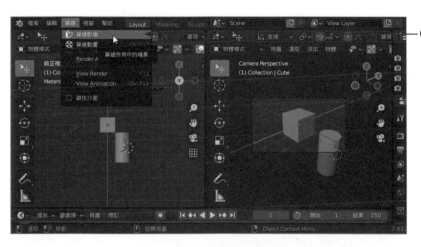

❶ 執行「算繪 / 算繪影像」指令，或是按快速鍵「F12」進行算繪

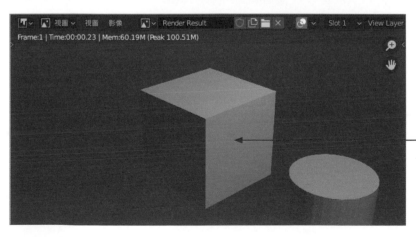

❷ 顯示算繪的結果

9-2 模型的建立與編輯

學會了 Blender 的視窗環境與操作技巧後，接下來的章節則要告訴各位如何建立造型，如何儲存 / 刪除模型、以及 3D 模型的編輯技巧，讓各位也能輕鬆透過基本型來堆疊出所需的造型。

9-2-1 新增幾何物件

立方體、球體、圓柱體、圓錐體、環體、猴頭等立體造型，都是 Blender 程式中所預設的模型。各位按下左上方的「添加」鈕，就可以從「網格」的選項中看到如下的各種造型。

使用時先利用「游標」⊕工具在視圖中設定要加入的位置，再由「添加」鈕中點選想要加入的形狀，新增的模型就會顯示在 3D 游標處。

為了方便查看新增模型的位置，建議各位依前面介紹的方式分割視圖，再依據造型的方位來透過「頂正視」、「前正視」、「右正視」等視圖來添加物件，這樣就比較容易設定模型加入的位置。為了加快視點位置的切換，你也可以透過如圖的快速鍵做切換。

攝影機	Numpad 0
頂	Numpad 7
底	Ctrl Numpad 7
前	Numpad 1
後	Ctrl Numpad 1
右	Numpad 3
左	Ctrl Numpad 3

此處我們示範 UV 球體和圓錐體的添加方式。

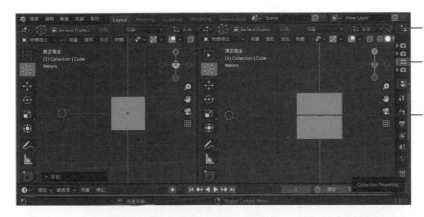

❶ 點選「游標」工具

❷ 在「前正視」圖中設定新物件要加在立方體的左側

❸ 在「頂正視」圖中確認物件加入的位置，使未來新建的物件會與立方體平行

❹ 由「添加」鈕下拉選擇「UV 球體」，使加入球體

❻ 添加「圓錐體」

❺ 在「前正視」圖的球體下方按下滑鼠左鍵，使 3D 游標顯示於此

物件加入後，透過視圖的切換可清楚看出圓錐體、球體與立方體之間的關係。

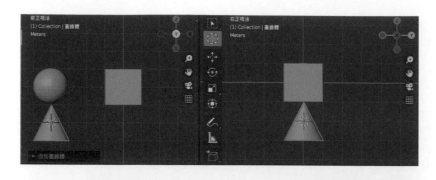

　　如果你想觀看相機呈相的結果，請按快速鍵「F12」就會顯示如下的畫面，看完畫面再按「Esc」鍵離開即可。

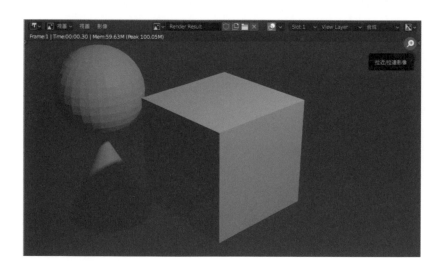

9-2-2　儲存模型檔案

　　加入的模型如果想要儲存起來，執行「檔案 / 儲存」或「檔案 / 另存為」指令，然後設定檔案要放置的位置，輸入檔案名稱，再按下「儲存 Blender 檔案」鈕，即可儲存 3D 模型，檔案儲存後可利於將來再度編修。

❶ 執行「檔案 / 儲存」
指令

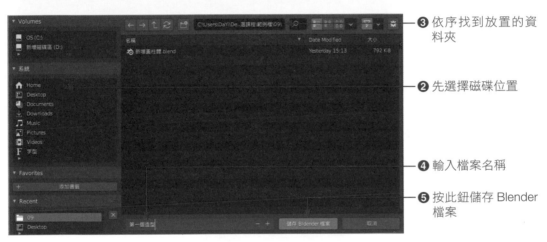

❸ 依序找到放置的資
料夾

❷ 先選擇磁碟位置

❹ 輸入檔案名稱

❺ 按此鈕儲存 Blender
檔案

儲存完畢後開啟該資料夾，即可看到儲存的檔案圖示了！

9-2-3 刪除多餘的模型

所加入幾何模型如果覺得不適用而想要刪除，只要以「框選」![icon]工具點選模
型，按滑鼠右鍵選擇「刪除」指令，即可刪除多餘的模型。這裡我們示範將原先的
立方體進行刪除：

❶ 以「框選」工具點
選立方體模型

❷ 按右鍵選擇「刪除」
指令

❸ 立方體刪除成功

　　在添加模型物件時，各位可以把造型盡量簡單化，想像一個人型是由多個大小不同的立方體、圓柱體、圓體所組合而成的；雪人可以由球體堆疊出身體／頭／眼睛，再加入圓柱體或圓錐體當做鼻子即可；而桌子則是由立方體和圓柱體所組成。

　　如果需要連續繪製同一類型的幾何體，可透過視窗左側的  工具鈕來添加，利用此方式可連續添加相同的模型，要停止繼續繪製可按「框選」 ▶ 工具來停止。

　　把握以上基本技巧來組合各式各樣的造型，再透過頂正視、前正視、右正視和透視圖等不同角度的視圖來移動幾何模型的位置，這樣就可以快速建立 3D 造型。

9-3 編輯 3D 模型

　　學會建立基本模型的方式後，接下來就要進行 3D 模型的編輯。此處我們要告訴各位「移動」、「縮放」和「製作複本」等編輯方式，讓模型的比例大小與位置能符合各位的期望。

9-3-1 模型的縮放

我們延續先前的範例，現在先示範如何對模型進行等比例的放大或縮小的處理。

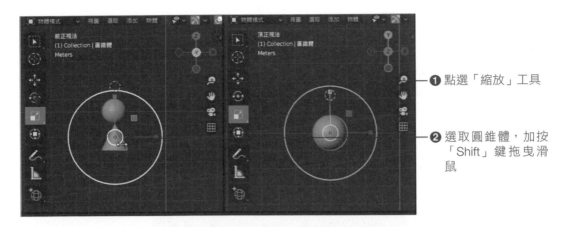

❶ 點選「縮放」工具

❷ 選取圓錐體，加按「Shift」鍵拖曳滑鼠

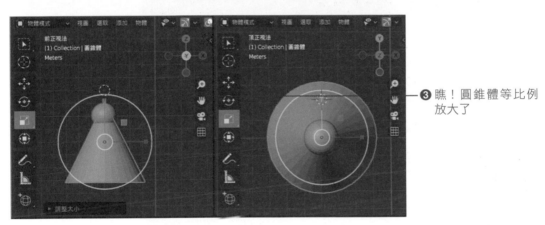

❸ 瞧！圓錐體等比例放大了

9-3-2 位置的移動

很簡單吧！現在請以相同技巧，透過「移動」 ⊹ 工具調整圓錐體的位置，使球體移到圓錐體的正上方變成人型，移動圓球體時請一併注意各視圖的位置。

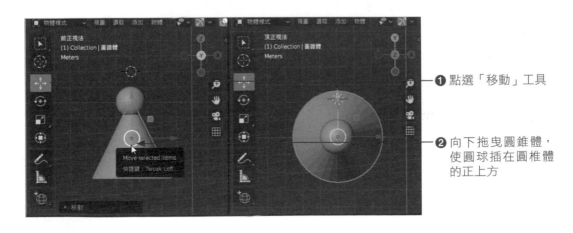

❶ 點選「移動」工具

❷ 向下拖曳圓錐體，使圓球插在圓椎體的正上方

9-3-3 製作複本

在 3D 場景中我們已經有球體當作頭型,接下來可以透過「物體」鈕中的「製作物體複本」功能來複製球體,縮放後使作成兩顆眼睛。

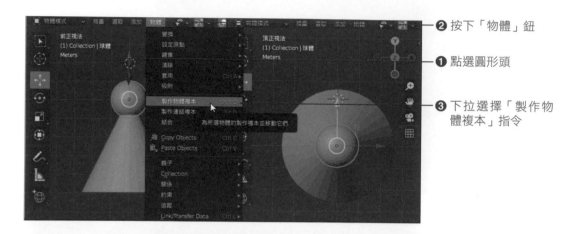

❷ 按下「物體」鈕

❶ 點選圓形頭

❸ 下拉選擇「製作物體複本」指令

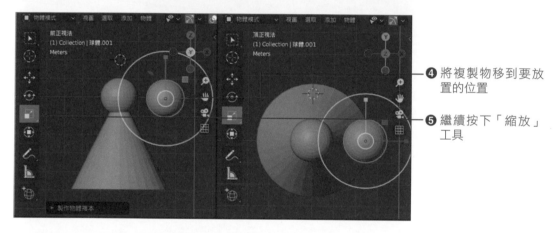

❹ 將複製物移到要放置的位置

❺ 繼續按下「縮放」工具

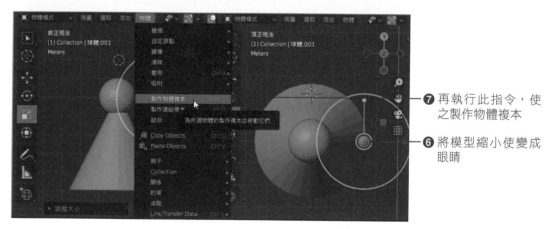

❼ 再執行此指令,使之製作物體複本

❻ 將模型縮小使變成眼睛

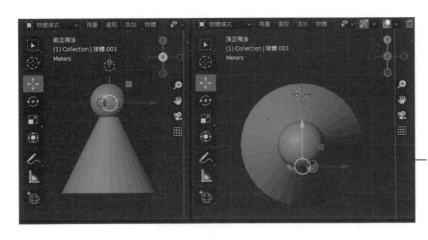

❽ 透過頂正視圖調整兩個眼睛的位置，即可顯現如圖的 3D 模型

9-4 材質顏色的設定

當你完成 3D 模型的製作後，可以考慮為它加入顏色或材質效果，讓模型也可以擁有美麗的外表。要加入模型的材質顏色，主要是透過視窗右側的屬性面板來處理，利用「材質」 ⬤ 鈕即可為剛剛製作的玩偶加入色彩。我們延續上面的範例繼續進行設定。

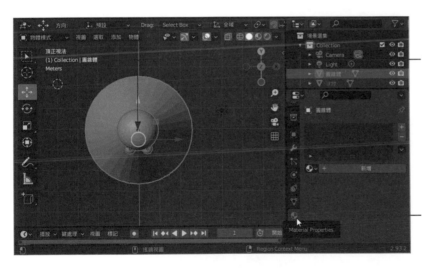

❶ 全選所有物件，使用「移動」工具將玩偶移到中心點位置

❷ 點選材質鈕，使開啟面板

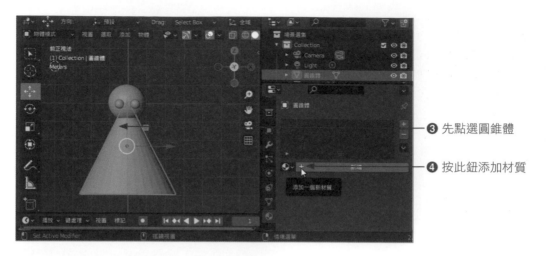

❸ 先點選圓錐體

❹ 按此鈕添加材質

❺ 點選「使用節點」，使顏色由藍色變成灰色

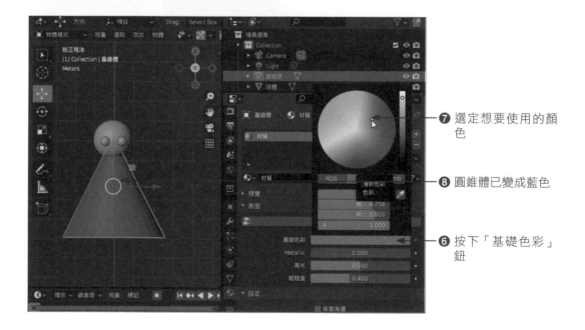

❼ 選定想要使用的顏色

❽ 圓錐體已變成藍色

❻ 按下「基礎色彩」鈕

9 選定圓形物件

10 同上方式，按新增設定臉部膚色

11 依序設定眼睛為褐色

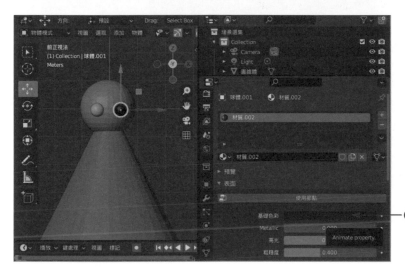

由於我們已經設定好眼睛的顏色，另一眼如果要使用相同的色彩，可以由 🔵 鈕直接下拉做選擇，如圖示。

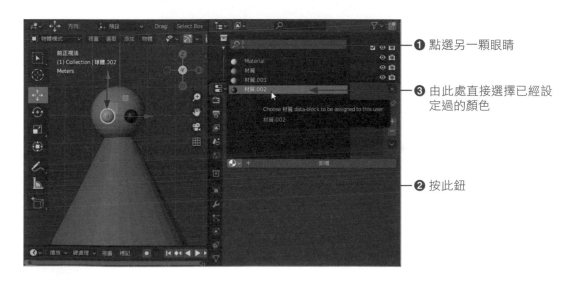

1 點選另一顆眼睛

3 由此處直接選擇已經設定過的顏色

2 按此鈕

設定完成後，各位可以按「F12」鍵來查看相機呈現的效果。

 環境光與燈光設置

當你設定完 3D 造型後，通常光線都會和你預期中的差距很大，不過你可以透過環境光或是燈光的設置來改變畫面效果。延續上面的範例，同時先在玩偶下方加入一個平面，以方便光線的呈現。

❷ 按「添加」鈕，下拉選擇「網格／平面」

❶ 分割視圖，使同時顯現前正視和頂正視

建立平面後，請自行透過「縮放」工具和「平移」工具來調整平面的大小與位置，使顯現如圖。

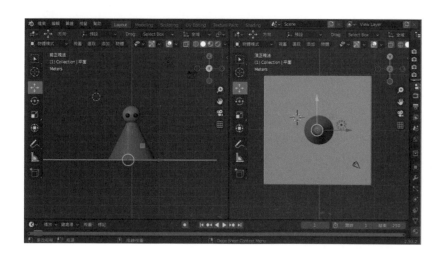

9-5-1 設定環境光

請切換到透視圖,我們將透過「屬性」面板中的「世界」 鈕來加入環境光。

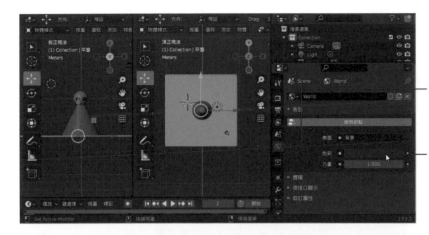

❶ 按此鈕設定世界屬性

❷ 按此設定顏色

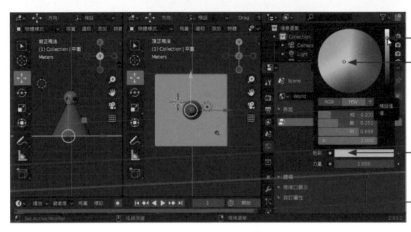

❹ 由此調整明暗度

❸ 設定背景的色彩

❺ 這裡顯示你所設定的背景色

由此可調整背景的亮暗程度

加入背景色彩後,各位按「F12」鍵即可感受到環境光線的變化。加入背景顏色後,還可透過面板上的「力量」值來控制背景的亮暗程度喔!

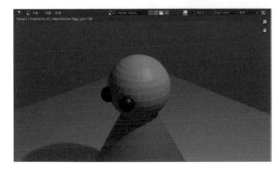

<未加入環境光的效果>

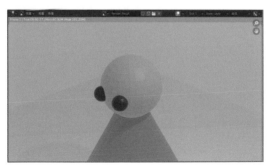

<加入環境光的效果>

9-5-2 設定燈光效果

在燈光設置方面，Blender 提供點光、日光、聚光、區光四種燈光效果，預設值已加入「點光」，如果要設定燈光，請從場景中先點選燈光物件，再從「屬性」面板的 ◉ 鈕進行變更。

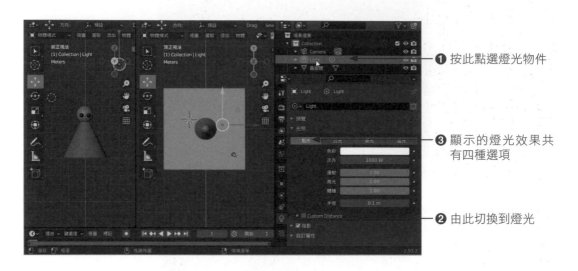

❶ 按此點選燈光物件

❸ 顯示的燈光效果共有四種選項

❷ 由此切換到燈光

9-5-3 變更燈光位置 / 角度 / 色彩

燈光照射 3D 模型的角度與位置如果不適宜，想要改變預設的燈光位置，可以透過不同的視圖來做移動，操作方式和一般物件操作的方式一樣。

利用「旋轉」工具可以變更光線投射的角度

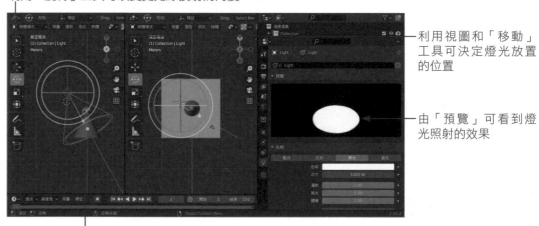

利用視圖和「移動」工具可決定燈光放置的位置

由「預覽」可看到燈光照射的效果

利用箭頭可控制聚光的範圍

除了位置與角度的變更外，使用者也可以設定燈光的顏色與能量大小，只要透過屬性面板即可調整。

9-5-4　添加多個燈光

在預設狀態下 Blender 只有一個點光，如果想要加入第二盞燈光或第三盞燈光，可以先由視圖決定燈光位置，再由「添加」鈕選擇「光照」與燈光類型來添加。

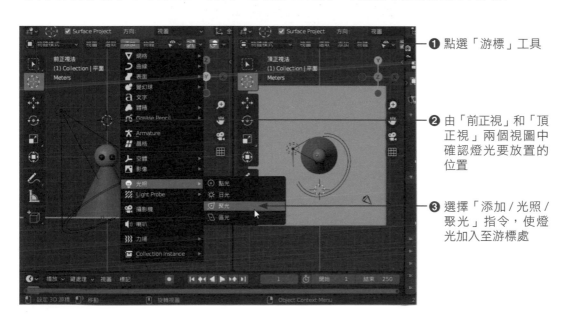

❶ 點選「游標」工具

❷ 由「前正視」和「頂正視」兩個視圖中確認燈光要放置的位置

❸ 選擇「添加／光照／聚光」指令，使燈光加入至游標處

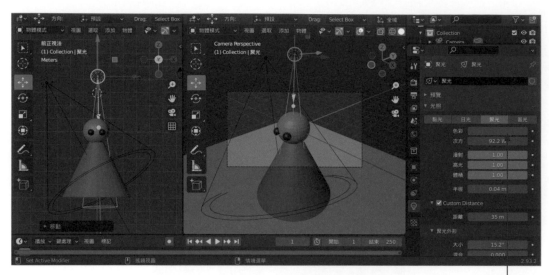

❹ 加入燈光後，再由屬性面板調整燈光屬性

在場景中你所加入的模型、燈光、攝影機，各位都可以在視窗右上方的「場景選集」中看到，你可以從中點選要編輯的物件，或是從各視圖中點選要編輯的物件。

9-6 攝影機與鏡頭設定

3D 模型除了需要燈光來照亮外，攝影機的拍攝也很重要，因為它會影響到取景的效果。通常要在透視圖中知道相機拍攝的範圍，只要在視圖中按下 🎥 鈕就可以看到。如圖示：

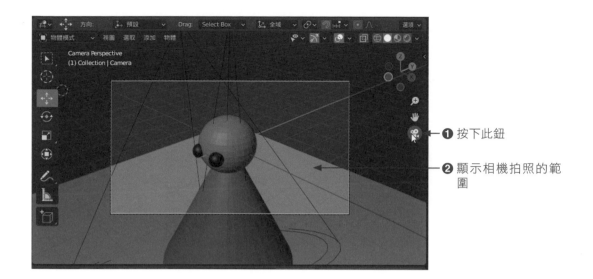

❶ 按下此鈕

❷ 顯示相機拍照的範圍

　　在點選攝影機的情況下，各位還可以在 Blender 右側的「屬性」面板設定攝影機和鏡頭。Blender 提供許多不同的攝影機類型可以選用，鏡頭則有「透視法」、「正視法」、「全景」三種，也可以修改焦距的大小。通常焦距值越大影像也越大，反之則看到的區域範圍越大，各位不妨多加嘗試，讓鏡頭下的 3D 模型呈現最佳的視覺效果。

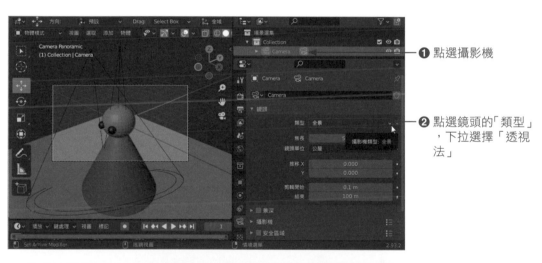

❶ 點選攝影機

❷ 點選鏡頭的「類型」，下拉選擇「透視法」

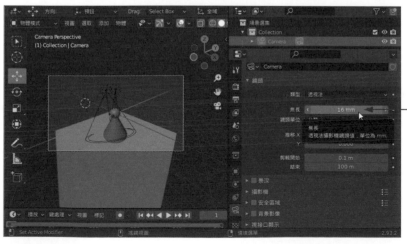

❸ 拖曳此處可調整鏡頭焦距

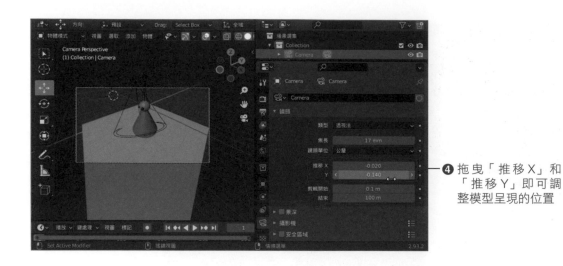

④ 拖曳「推移 X」和「推移 Y」即可調整模型呈現的位置

　　限於篇幅的關係，有關 Blender 的功能就介紹到這兒，學會以上的功能技巧，各位應該對 3D 軟體就比較能輕鬆上手。如果想要再深入 3D 動畫的世界，請自行購買專書來研究。

Designed by pikisuperstar / Freepik

翻轉數位學習的 Google 雲端教室

10

數位學習（e-Learning）是指在網際網路上建立一個方便的學習環境，讓使用者連上網路就可以學習到所需的知識，是一種結合傳統教室與書面教材的新興學習模式，也是知識經濟時代提升人力資源價值的新利器，可以讓學習者學習更方便、自主化的安排學習課程。具體而言，數位學習內容整合了網路通訊、電腦與多媒體技術，從傳統教室的面對面教育方式，轉型成為運用網際網路來提供使用者不受時間、地點限制的學習環境。目前除了廣泛應用於大專院校授課學習與適合大眾終身學習課程之外，也有不少企業藉由導入 e-Learning 來強化企業的競爭力。

＜數位學習改變了傳統教室學生與老師面對面的模式＞

本章將介紹數位學習教育的演進與發展，進而認識數位學習教材的理論與實作。

＜ HiNet 學習網＞

10-1 漫談數位學習（e-learning）

21 世紀知識經濟發展的關鍵在於高素質的專業人才培育，數位學習超越時空的訓練方式，儼然成為教育訓練的新趨勢。基本上，數位學習可以視為是正式的教育學習課程，例如：線上教育（Online Education）、線上訓練（Online Training）、線上測驗（Online Test）等模式，其核心內容也包括了數位學習教具的研發、數位學習授課活動設計、數位學習網路環境建置、數位教材內容開發四種。

10-1-1 數位學習的起源

追溯數位學習的起源與發展，可以說深受早期「遠距教學」與「電腦輔助教學」發展的影響。遠距教學（Distance learning）的內容可以涵蓋早期的講義函授、廣播教學、電視 VCR 教學等活動，到目前透過電腦網路的數位學習互動式教學模式。

我們能夠將分散於不同區域的老師與學生，透過視訊設備來傳遞彼此的影像與聲音達到遠端教學與溝通的目的。另外「電腦輔助教學」的普及與成長，不但將傳統的文字式單調教材，透過電腦的輔助轉變為多元化多媒體互動教材，更帶動了網路化的超連結式數位教材。簡單來說，數位學習可說是運用最新網路傳輸與多媒體數位科技所促成的專業線上教學活動。

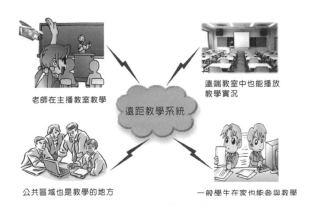

<遠距教學系統示意圖>

<生動活潑的 CAI 語言教學>

10-1-2 數位學習的特色

從廣義的角度來看，數位學習所牽涉的範疇相當廣，舉凡應用數位化電子媒體所製作的教學內容，都可視為「數位學習」的一環。近幾年來，對於數位學習熱

情的風起雲湧，除了拜資訊科技創新之賜，更重要的是它能改善傳統面授訓練的缺點。基本上，由數位學習的教育過程，可以歸納為以下三點特色：

★ 開放與彈性的學習方式

無論何時何地，只要能上網都能透過全球資訊網來學習所需的知識，而且使用者可以自己依照個人的需求來安排學習順序，也可輕鬆選擇最適合的時間來學習。

★ 互動性高與個人化的學習環境

課程教材具備影音、動畫、討論版等多樣化學習方式，使用者可以依照需求與時間，來打造專屬的學習環境。

★ 自我評量與學習結果

利用線上評量系統，不僅可節省列印考卷的紙張，而且效率也相當高。老師在題庫系統中，直接針對評量的範圍、題型、題數進行設定，電腦即會自動產生電子試卷。學生只要利用自己的電腦，透過網路連上指定的位置，就能夠進行線上評量。

10-2 數位學習的類型

如果以學習方式來區分，數位學習可分為同步型學習、非同步型學習及混合型學習三種，分別為您介紹如下。

10-2-1 同步型學習

同步型學習是指老師與學習者在同一時間上線進行教育和學習的活動，也就是藉由高速通訊網路，建立一個可以讓老師與學生進行即時、互動、多點及面對面溝通的教學環境，類似視訊會議的模式。

在此種數位學習系統中，老師與學生被分隔在不同的地點，需要以電腦軟體設計出一套教學系統，來建立一個虛擬學習環境，此虛擬教室包含了線上講師、學習者及技術環境三種要素。透過虛擬教室教學系統，教課的老師除了可以在線上為學生進行授課，還能夠舉行考試、指定作業、回答問題等等的雙向互動行為。主要優點為可克服地理上的限制，缺點則是時間上較無彈性。

10-2-2 非同步型學習

老師授課過程與教材事先錄製好,學生隨時可以上網學習,沒有時間限制,較具彈性。利用此種教學方式類似「隨選視訊服務」(Video-On-Demand, VOD)的功能,可以根據個人的需要選播相應的視訊節目,就好像選播家裡的錄影機畫面一樣方便。好處是學生能夠依照自己的能力、需求、時間與地點來上線學習,但相對的互動性較差,只能利用討論區留言、電子郵件等工具來與授課者詢問與交流。

< 非同步型學習,老師授課過程與教材可以事先錄製好 >

10-2-3 混合型學習

兼具同步和非同步學習特性,也就是教室學習加上網路學習的機制。透過多樣化的授課方式,如講師授課、CAI 光碟或線上課程,藉由實體授課及線上學習的交互進行,學生可以在線上與老師互動學習討論,或進行小組的討論工作,因此可強化及延伸學習效果。

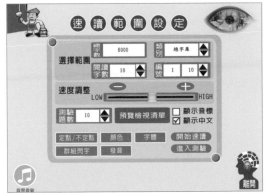

< 混合型學習可以結合 CAI 的輔助教學 >

10-3 一次學會 Google 雲端教室

Google 宣布「Google Classroom（Google 雲端教室）」開放給「擁有一般 Google 免費帳號」的用戶使用，任何人都能在線上建立數位課程，輕鬆透過 Google 雲端教室來建構遠端課程或互動學習的教學平台，增進學生自主學習或與同學之間的交流。這個章節我們將針對課程的建立來進行說明，讓各位輕鬆登入 Google 雲端教室，同時學會建立課程、加入課程教材與邀請學生加入。

10-3-1 登入 Google 雲端教室

要登入 Google 雲端教室，請於 Chrome 瀏覽器右上角按下 ⊞ 鈕並下拉選擇「Classroom」圖示，即可啟用 Google 雲端教室。

❶ 按此鈕

❷ 選此應用程式進入雲端教室

10-3-2 建立新課程

進入 Google 雲端教室後，在首頁右上角按下「+」鈕，可以在下拉的清單中選擇「加入課程」或「建立課程」。請點選「建立課程」指令使建立新課程。建立時必須輸入課程名稱（必填）、單元、科目、教室等資訊，按下「建立」鈕即可完成新課程的建立。

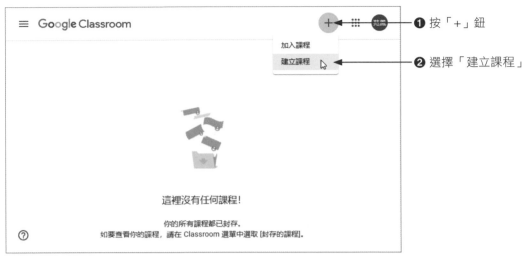

❶ 按「＋」鈕

❷ 選擇「建立課程」

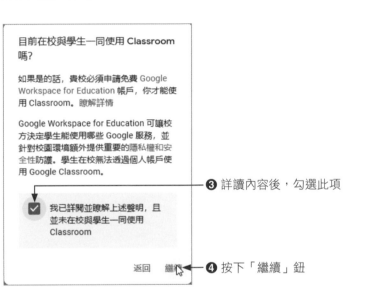

❸ 詳讀內容後，勾選此項

❹ 按下「繼續」鈕

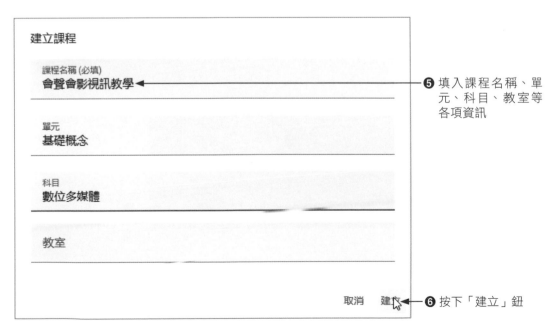

❺ 填入課程名稱、單元、科目、教室等各項資訊

❻ 按下「建立」鈕

按此鈕可修改課程設定

❼ 成功建立新課程

TIPS

修改課程設定： 已建立完成的課程，如果因課程變動或是輸入錯誤而需進行修改，可在如上的視窗中按下右上角的「設定」⚙鈕，就會進入「課程設定」的視窗，變更資料後按下「儲存」鈕進行儲存就可看到變更後的結果。

10-3-3 設定課程封面

新增課程後，Google 會有預設的首頁畫面，如果首頁的封面圖案你不喜歡，可以在右下角按下「選取主題」的連結，即可進入「圖片庫」選擇其他的主題圖案。另外，你也可以按下「上傳相片」的連結，讓你從電腦中直接選取圖片來使用，但是上傳的相片不可過小，相片寬度必須 800 像素以上，高度則要 200 像素以上才可以。

❶ 按此連結

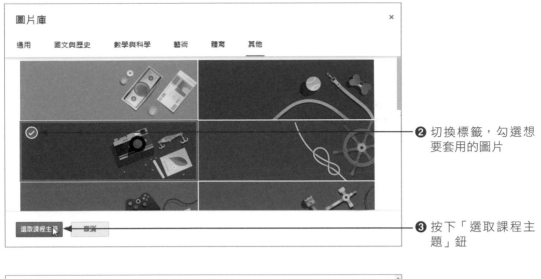

❷ 切換標籤，勾選想
要套用的圖片

❸ 按下「選取課程主
題」鈕

❹ 首頁的主題畫面變
更完成

10-3-4　加入課程教材

有了課程之後，你可以將教材資料或是與課程相關說明先提供給學生做參考。要
加入課程教材，請按下左上角的「Classroom 主選單」☰ 鈕，然後進行以下的設定。

❶ 按下「Classroom
主選單」鈕，當顯
示此選單時，選擇
「課程」指令

❷ 按此資料夾鈕,在 Google 雲端硬碟中開啟課程資料夾

❸ 將課程教材直接由電腦桌面拖曳至此視窗中

❹ 教材上傳成功

10-3-5 邀請學生加入課程

有了課程之後當然要將學生加入到課程裡，請按下左上角的「Classroom 主選單」≡鈕，然後選取課程名稱，即可回到課程內。

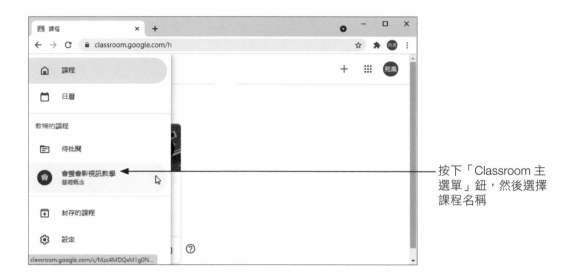

按下「Classroom 主選單」鈕，然後選擇課程名稱

切換到「成員」標籤後，你可以邀請老師也可以邀請學生。邀請學生時請按下 ⚲⁺ 鈕進行設定。

❶ 按此鈕邀請學生

❷ 由此輸入電子郵件地址並按下
「Enter」鍵，就會顯示如圖

❸ 按下「邀請」鈕邀請學生加入

完成如上動作後，被邀請的學生清單會顯示在下方。如下圖所示：

受邀的學生在收到電子郵件的邀請信件後，只要在信件中按下「加入」鈕即可加入課程。特別注意的是，當學生選擇加入後，表示學生同意與課程中的其他人共用聯絡資訊，如果同意的話按「繼續」鈕，就能夠順利進入課程當中。

❶ 按下「加入」鈕

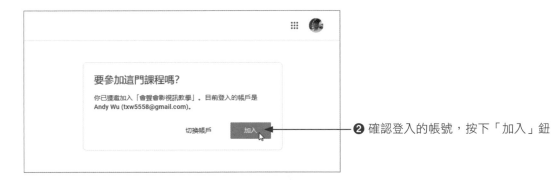

❷ 確認登入的帳號，按下「加入」鈕

❸ 學生順利進入課程之中

TIPS

老師傳送電子郵件給學生：當學生已加入至課程後，老師有任何訊息想要和學生連繫，都可以在「成員」標籤裡，由學生名字後方按下 ⋮ 鈕，選擇「傳送電子郵件給學生」指令，就會開啟 Gmail 的新郵件，讓你輸入主旨與聯絡事宜。

10-4 老師與學生互動技巧

隨著數位學習的流行，老師上課教學已不再侷限於面對面的方式，透過雲端教室，我們能夠將分散於不同區域的老師與學生，透過網路來傳遞彼此的影像與聲音達到遠端教學與溝通的目的。學會課程的建立方式後，接下來老師要與學生進行互動，老師可以發布即時公告，也可以建立作業或批閱作業，讓課程順利的進行。

10-4-1 發佈即時公告

老師需要通知學生上課的訊息或學校的公告時,可在「訊息串」標籤中按下課程封面下方的「向全班宣布」方塊,即可輸入公告的文字。

❶ 切換至「訊息串」,先點選「要在課程中宣布的事項」的文字方塊

❷ 由此輸入宣布的訊息

❸ 按此鈕進行張貼

發佈後如需再次編輯內容或是刪除,可按此鈕進行變更

❹ 顯示發布的結果

TIPS

將重要公告置頂:老師所發布的訊息,通常是新發布的消息放置在舊消息之上,而且依序由上往下排列。如果有重要消息希望每個學生都能注意到,可以考慮將該消息「移至頂端」。請在該訊息的右側按下 ⋮ 鈕,即可選用該指令。

10-4-2 設定公告時間

老師除了立即在「訊息串」張貼訊息外，也可以安排和選擇張貼訊息的時間，或是儲存訊息草稿，留待稍後完成。只要按下「張貼」鈕旁邊的下拉按鈕，即可選擇「張貼」、「安排時間」、「儲存草稿」等選項。選擇「安排時間」會出現月曆讓老師指定公告的張貼的日期和時間。

10-4-3 老師建立作業

在 Google 雲端教室裡，老師可以對全班出作業，在「課堂作業」的標籤按下「建立」即可進行作業的設定。在線上出作業的好處是作業也在線上收，還能在線上進行評分，而且在作業中，老師也可以新增或建立 Google 文件、簡報、試算表、繪圖及表單，非常方便。

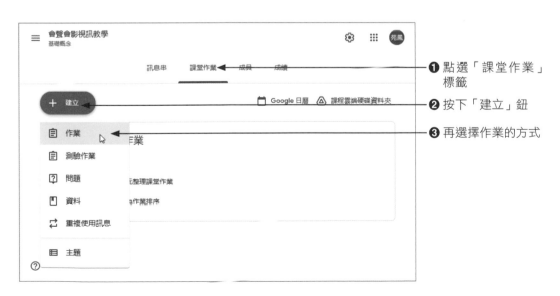

❶ 點選「課堂作業」標籤

❷ 按下「建立」鈕

❸ 再選擇作業的方式

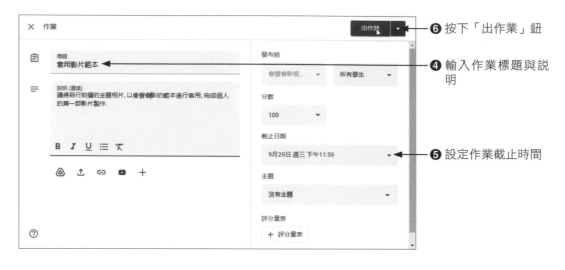

❻ 按下「出作業」鈕

❹ 輸入作業標題與說明

❺ 設定作業截止時間

❼ 作業建立完成

10-4-4 學生繳交作業

　　老師有指派作業後,當學生上網至雲端教室,就會看到如圖的作業內容。學生只要完成作業後,按下「新增」鈕加入作業,最後再按「繳交」鈕繳交完成。如果學生有問題要請教老師,透過「私人註解」的功能留言給老師,不用怕被其他同學知道。

❶ 學生按下「新增」鈕,再選新增方式

❷ 新增作業後，按此
鈕繳交

❸ 確認繳交的數量與內容，按此鈕繳交作業

10-4-5 老師查看 / 批改 / 發還作業

學生做完並繳交作業後，老師就會在「課堂作業」的標籤中看到學生繳交的情況。按下左下角的「查看作業」鈕就能看到繳交的內容。

❶ 按此鈕查看作業

❷ 顯示已繳交的狀況

　　當老師看完學生的作品後，可在「成績」的欄位輸入成績，預設的滿分是 100 分，如果要變更總分，可按下 ⋮ 鈕進行變更。輸入成績後按下「發還」鈕完成作業的批改，那麼學生就會收到通知，也能看到你給的成績。

❸ 按此鈕發還作業

❶ 老師查看學生作業

❷ 由此打分數

❹ 按此鈕發還作業

　　限於篇幅的關係，我們僅將 Google 雲端教室的重點做說明，其他好用的功能就留給各位去試試囉！

Designed by pikisuperstar / Freepik

Web3.0 風潮下的
新媒體革命

隨著網際網路的快速興起，從最早期的 Web 1.0 到目前即將邁入 Web 3.0 的時代，每個階段都有其象徵的意義與功能。隨著 Web 的不斷進步，對人類生活與網路文明的創新也影響越來越大，尤其目前已進入了 Web 3.0 世代，帶來了智慧更高的網路服務與無線寬頻的大量普及，更是徹底改變現代人的工作、休閒、學習、行銷與獲取訊息方式，其中新媒體的崛起更帶來一股勢不可擋的風潮。由於 Web 的發展與新媒體興起息息相關，在尚未正式談到新媒體之前，我們必須先來認識這數十年來 Web 的演進過程。

11-1 Web 的發展與新媒體

在 Web 1.0 時代，受限於網路頻寬及電腦配備，對於 Web 上網站內容，主要是由網路內容提供者所提供，使用者只能單純下載、瀏覽與查詢，例如我們連上某個政府網站去看公告與查資料，使用者只能乖乖被動接受，不能輸入或修改網站上的任何資料，單向傳遞訊息給閱聽大眾。

Web 2.0 時期寬頻及上網人口的普及，其主要精神在於鼓勵使用者的參與，讓使用者可以參與網站平臺上內容的產生，如部落格、網頁的編寫等，這個時期帶給傳統媒體的最大衝擊是打破長久以來由媒體主導資訊傳播的藩籬。PChome Online 網路家庭董事長詹宏志就曾對 Web 2.0 作了個論述：如果說 Web1.0 時代，網路的使用是下載與閱讀，那麼 Web2.0 時代，則是上傳與分享。

< 部落格是 Web 2.0 時相當熱門的新媒體創作平臺 >

在網路及通訊科技迅速進展的情勢下，我們即將進入全新的 Web 3.0 時代，Web 3.0 跟 Web 2.0 的核心精神一樣，仍然不是技術的創新，而是思想的創新，強調的是任何人在任何地點都可以創新，而這樣的創新改變，也使得各種網路相關產業開始轉變出不同的樣貌。Web 3.0 能自動傳遞比單純瀏覽網頁更多的訊息，還能提供具有人工智慧功能的網路系統，隨著網路資訊的爆炸與泛濫，也正式進入了大數據（Big Data）的世代，整理、分析、過濾、歸納資料更顯得重要，透過大數據的應用，網路也能越來越了解你的偏好，而且基於不同需求來篩選，同時還能夠幫助使用者輕鬆獲取感興趣的資訊。

隨著 Web 技術的快速發展，打破了過去被傳統媒體壟斷的藩籬，與新媒體息息相關的各個領域出現了日新月異的變化，而這一切的轉變主要是來自於網路的大量普及。新媒體（New Media）是目前相當流行的新興傳播形式，相對傳統四大媒體 - 電視、電台廣播、報紙和雜誌，在形式、內容、速度及類型所產生的根本質變。

所謂「新媒體」（Multi Media），可以視為是一種是結合了電腦與網路新科技，讓使用者能完善分享、娛樂、互動與取得資訊的平臺，具有資訊分享的互動性與即時性。閱聽者不只可以瀏覽資訊，還能在網路上集結社群，發表並交流彼此想法，包括臉書、推特、app store、行動影音、網路電視（iptv）等都可以算是新媒體的一種。

> **TIPS**
>
> 智慧電視（Smart TV）結合了電視與電腦功能，可作為連結上網或是加入上網機制，各位只要透過智慧電視，在家中客廳就可以上網隨選隨看影視節目，或是登入社交網路，即時分享觀看的電視節目和心得，也可以讓使用者透過免付費和付費的方式下載使用，把更多使用者可能的需求都整合到智慧型電視上。

11-2 新媒體的發展現況

新媒體時代的來臨，傳統或現有主流媒體的資訊生產模式已漸漸式微，大家早已厭倦了重覆且強迫式的單向傳播，現在觀看傳統電視、閱讀報紙的人數正急速下滑，閱聽者加速腳步投入新媒體的懷抱，傳統媒體的影響力和廣告收入，正被新媒體全面取代與侵蝕。

在資訊爆炸的年代，媒體的角色更加重要，人們對新聞和資訊的需求永遠不會消失，傳統媒體要面對的問題，不僅是網路新科技的出現，更是閱聽大眾本質的改變，他們已經從過去的被動接收逐漸轉變成主動傳播，這種轉變對於傳統媒體來說既是危機，也是新的轉機。

<三立新聞網是全台第一個結合電視與網路的新媒體平台>

新媒體本身型態與平台一直在快速轉變，在網路如此發達的數位時代，很難想像沒有手機，沒有上網的生活如何打發。過去的媒體通路各自獨立，未來的新媒體通路必定互相交錯。傳統媒體必須嘗試滿足現代消費者隨時隨地都能閱聽的習慣，尤其是行動用戶增長強勁，各種新的應用和服務不斷出現，經營方向必須將手機、平板、電腦、Smart TV 等各種裝置都視為是新興通路，節目內容也要跨越各種裝置與平台的界線，真正讓媒體的影響力延伸到每一個角落，接下來我們要介紹今天新媒體的發展現況與方向。

11-2-1 新媒體與社群網路

Web 3.0 時代最大不同之處是社群力量的主導與應用，透過你的人際關係來加值其它服務，再藉由社群媒體廣泛的擴散效果，使資訊有機會觸及更多的群眾，進而發展成以社群為中心來分享資源的網路新媒體。網路社群的觀念可從早期的 BBS、論壇、部落格、噗浪…等，一直到微博、Facebook、Instagram，社群中的人們彼此會分享資訊，相互交流間接產生依賴與歸屬感，由於這些網路服務具有互動性，並且所具備的讀者社群更加精準且有活力，可以更主動創造、發表與散播資訊，因此能夠讓大家在一個平台上，彼此快速溝通與交流。

<微博是目前中國最當紅的社群網站>

時至今日，我們的生活已經離不開網路，網路正是改變一切的重要推手，而與網路最形影不離的就是「社群」，臉書（Facebook）的出現令民眾生活形態有不少改變，在 2015 年時全球每日活躍用戶人數也成長至 10.1 億人，這已經從根本撼動我們現有的生活模式了。

在 Web 3.0 時代，網路的發展加上公民力量的崛起後，吸引網民最有效的管道，無疑就是社群媒體，趁勢而起的社群力量也造就了新媒體進一步的成長。例如 2011 年「茉莉花革命」（或稱為阿拉伯之春）如秋風掃落葉般地從北非席捲到阿拉伯地區，引爆點卻是臉書這樣的新媒體，一位突尼西亞年輕人因為被警察欺壓，無法忍受憤而自焚的畫面，透過臉書（Facebook）等社群快速傳播，頓時讓長期積累的民怨爆發為全國性反政府示威潮，進而導致獨裁 23 年領導人流亡海外，接著迅速地影響到鄰近阿拉伯地區，如埃及等威權政府土崩瓦解，這就是由網路鄉民所產生的新媒體力量。

台灣本土發生的 319 太陽花學運，也讓我們看到了新媒體所爆發的巨大力量，臉書像個強大的傳播機器，透過朋友之間的串連、分享、社團、粉絲頁，與臉書上懶人包與動員令的高速傳遞，創造了互動性與影響力強大的平台，打造了整個 319 事件的資訊入口。新媒體讓這場學運能真正主動掌握發言權，因此才能快速地將參與者的力量匯聚起來。這場學運對媒體的真正意義，一方面是傳統媒體的再進化，另一方面是這群人共同建構了以網路科技為中心的新媒體抬頭契機。

11-2-2　網路電視

隨著多媒體技術發展和寬頻基礎設施不斷擴增下，網路影音串流正顛覆我們的生活習慣，宅商機的家用娛樂市場因此開始大幅成長，加上數位化高度發展打破過往電視媒體資源稀有的特性，網路影音入口平台再次受到矚目，傳統電視頻道的最強競爭對手不再是同業，而是網路電視。

網路電視（Internet Protocol Television，IPTV）就是透過網際網路來進行視訊節目的直播，並可利用機上盒（Set-Top-Box，STB）透過普通電視機播放的一種新興服務型態，提供觀眾在在任何時間、任何地點來自行選擇節目，能充份滿足現代人對數位影音內容即時且大量的需求。服務模式包含免付費頻道、基本頻道、與收費頻道三種，還能提供包括網路遊戲、網路點播、網路購物、社群網站瀏覽與遠距教學等服務。

<大陸樂視網推出的網路電視劇－芈月傳總播放數就多達數億>

網路電視充分利用網路的及時性以及互動性，提供觀眾傳統電視頻道外的選擇，觀眾不再只能透過客廳中的電視機來收看節目，越來越多人利用智慧型手機或行動裝置看電視。只要有足夠的網路頻寬，網路電視提供用戶在任何時間、任何地點可以任意選擇節目的功能，因為在網路時代，終端設備可以是電腦、電視、智慧型手機、資訊家電等各種多元化平台。

11-2-3　新媒體與行動裝置

　　4G 時代的來臨，隨著各種無線通訊設備的普及，尤其是行動用戶增長強勁，個人行動裝置正以驚人的成長率席捲全球。臺灣是全球手機黏著度最高的市場，平均每人使用手機的時間超過 3 個小時，據統計臉書在台灣已有超過 1,600 萬月活躍用戶，其中透過行動裝置的高達 3/4 用戶，行動裝置逐漸成為使用數位娛樂服務的主要載具。

　　行動裝置不受時空限制，就能即時能把聲音、影像等多媒體資料直接傳送到行動裝置上，帶來的不只是隨時收視習慣，更重要是產業顛覆。對於媒體相關產業而言，在網路與行動裝置的加持下，社群上分享的影音內容也逐漸成為普羅大眾吸收資訊的主流來源，尤其年輕世代對於行動裝置有更高的認同感，如何能使閱聽內容能大量移植到行動裝置上呈現，將會是新媒體發展的大好契機。

　　影音社群化逐漸成為新媒體呈現方式的主流，在社群上分享的影音內容也逐漸成為民眾吸收與獲取資訊的重要來源，因此以行動影音新媒體平台為號召的崛起銳不可擋。2015 年 4 月 LINE 為了滿足社群互動的行動世代的需求，不但整合了台灣廣大社群平台用戶，更具有乾淨簡潔的界面設計，以打造「行動生活入口」（Mobile Gateway）的新媒體影音平台為目標，讓觀眾免費在電腦、平板、手機上收看豐富多元的影音內容，已經在 iOS、Android 及 PC 版上線了。

< Line TV 結合了社群、即時、首播與免費等服務特色 >

11-3 新興影音社群

　　社群的觀念可從早期的 BBS、論壇，一直到部落格、Plurk（噗浪）、Twitter（推特）、Pinterest、YouTube、Instagram、微博、Facebook，主導了整個網路世界中人跟人的對話，社群成為 21 世紀的主流媒體，從資料蒐集到消費，人們透過這些社群作為全新的溝通方式，這已經從根本撼動我們現有的生活模式了。

　　我們可以這樣形容 Facebook 是最能細分目標受眾的社群網站，主要用於與朋友和家人保持聯絡，而 Instagram 則是能提供用戶發現精彩照片和瞬間欣喜，並因此深受感動及啟發的平台。

11-3-1　年輕族群最愛的 Instagram

　　Instagram 是一個結合手機拍照與分享照片機制的新媒體社群軟體，目前有超過 4 億的全球用戶，Instagram 操作相當簡單，而且具備即時性、高隱私性與互動交流相當方便，時下許多年輕人會發佈圖片搭配簡單的文字來抒發心情。這個軟體主要在 iOS 與 Android 兩大作業系統上使用，讓手機直接拍攝相片後，用手指輕鬆點幾下就可以使用它內建的藝術特效，然後馬上傳送相片到個人相簿中，並分享到 Facebook、Twitter、Flickr、Swarm、Tumblr 或新浪微博等社群網站上，而好友看過相片後也可以給予評論。Instagram 的崛起，代表用戶對於影像的興趣開始大幅提升，由於藝術特效的加持，加上上傳分享的便利性，透過 Instagram，我們有機會看到很多平常網站上看不到的作品。根據天下雜誌調查，Instagram 在台灣 24 歲以下的年輕用戶占 46.1%。

　　Instagram 主要分為五大頁面，由手機螢幕下方的五個按鈕進行切換。

首頁　　搜尋　　新增　　追蹤所愛　個人

◆ **首頁**：瀏覽追蹤朋友所發表的貼文，還可進行拍照、動態錄影、限時動態、訊息傳送。

◆ **搜尋**：鍵入姓名、帳號、主題標籤、地標等，用來對有興趣的主題進行搜尋。

◆ **新增**：可以從「圖庫」選取已拍攝的相片／影片，也可以切換到「相片」進行拍照，或是切換到「影片」進行影片錄影，拍照後即可將結果分享給朋友。

◆ **追蹤所愛**：所追蹤的對象對那些貼文按讚、開始追蹤了誰、誰追蹤了你、留言中提及你…等，都可在此頁面看到。

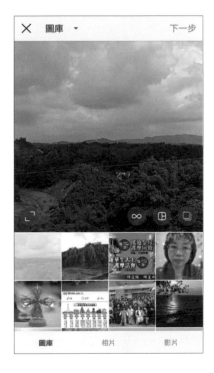

◆ **個人**：由此觀看你所上傳的所有相片 / 貼文內容、摯友可看到的貼文、有你在內的相片 / 影片、編輯個人檔案，如果你是第一次使用 Instagram，它也會貼心地引導你進行。

編輯用戶名稱、網站、個人簡介等資訊

三大標籤，依序是格狀排序、直式排序、標註有你的相片影片

11-3-2 YouTube 影音王國

根據 Yahoo 的最新調查顯示，平均每月有 **84%** 的網友瀏覽線上影音、**70%** 的網友表示期待看到專業製作的線上影音。在 YouTube 上有超過 **13.2** 億的使用者，每天的影片瀏覽量高達 **49.5** 億，使用者可透過網站、行動裝置、網誌、臉書和電子郵件來觀看分享各種五花八門的影片，全球使用者每日觀看影片總時數超過上億小時，更可以讓使用者上傳、觀看及分享影片。在這波行動裝置熱潮所推波助瀾的影片行銷需求，目前全球幾乎有一半以上 YouTube 使用者是在行動裝置上觀賞影片，成為現代人生活中不可或缺的重心。

< YouTube 廣告效益相當驚人！紅色區塊都是可用的廣告區 >

YouTube 是分享影音的平台，任何人只要擁有 Google 帳戶，都可以在此網站上傳與分享個人錄製的影音內容。YouTube 可以作為企業或店家傳播品牌訊息的通道，透過用戶數據分析，顯示客製化的推薦影片，使用戶能夠花更多時間停留在YouTube，順便提供消費者實用的資訊，更可以拿來投放廣告，因此許多企業開始使用 YouTube 影片放送付費廣告活動，這樣不但能更有效鎖定目標對象，還可以快速找到有興趣的潛在消費者。

只要有 Google 帳號並登入帳號，就將自製的行銷影片上傳到 YouTube 網站上。

按此鈕，下拉選擇「上傳影片」指令，依照指示就可以上傳自製影片

完成 YouTube 影片的上傳後，各位可以在左側的「影片」標籤中看到剛剛上傳的影片以及各項的資訊，包括瀏覽權限、限制、發布日期、觀看次數、留言數、喜歡的比例等。

「影片」標籤

顯示剛剛上傳的影片

隨著 YouTube 等影音社群效應發揮與智慧型手機普及後，「看影片」變得如同吃飯、喝水一般簡單平常，許多人利用零碎時間上網看影片，影音分享服務早已躍升為網友們最喜愛的熱門應用之一，在影音平台內容推陳出新下，更創新出許多新興的服務模式，特別是在現代的日常生活中，人們的視線已經逐漸從電視螢幕轉移到智慧型手機上，伴隨著這一趨勢，影片所營造的臨場感及真實性確實更勝於文字與圖片，靜態廣告轉化為動態影音行銷已經成為勢不可擋的行銷趨勢。

11-3-3 超夯的臉書直播

人類一直以來聯繫的最大障礙，無非就是受到時間與地域的限制，拜 5G 及行動頻寬越來越普及之賜，透過行動裝置開始打破和消費者之間的溝通藩籬，特別是臉書開放直播功能後，手機成為直播最主要工具；不同以往的廣告行銷手法，影音直播更能抓住消費者的注意力，依照臉書官方的說法，觸及率最高的第一個就是直播功能，這表示直播影片更能激發用戶的興趣，直播的好處是它可以比一般行銷影片來的更簡單直接，而且直播影片的留言數甚至比普通影片高出 10 倍，直播影片的觀看時間是平常影片的 3 倍長。

　　目前全球玩直播正夯，從個人販售產品透過直播跟粉絲互動，延伸到電商品牌透過直播行銷，讓現場直播可以更真實的對話。例如小米直播用電鑽鑽手機，證明手機依然毫髮無損，就是活生生把產品發表會做成一場直播秀，這些都是其他行銷方式無法比擬的優勢，也將顛覆傳統網路行銷領域。直播行銷最大的好處在於進入門檻低，只需要網路與手機就可以開始，不需要專業的影片團隊也可以製作直播，現在不管是明星、名人、素人，通通都要透過直播和粉絲互動。

　　越來越多銷售是透過直播進行，主要訴求就是即時性、共時性，這也最能強化觀眾的共鳴，也由於競爭越來越激烈且白熱化，目前最常被使用的方法為辦抽獎，有些商家為了拼出點閱率，拉抬臉書直播的參與度，還會祭出贈品或現金等方式來拉抬人氣。大家喜歡即時分享的互動性，只要進來觀看的人數越多，就可以抽更多的獎金，也讓圍觀的粉絲更有臨場感，並在直播快結束時抽出幸運得主。直播拍賣只要名氣響亮，觀看的人數眾多，主播者和網友之間有良好的互動，進而加深粉絲的好感與黏著度，就可以在臉書直播的平台上衝高收視率，帶來龐大無比的額外業績，不用被動式的等客戶上門，也不受天氣或場地的限制，只要有網路或行動裝置在手，任何地方都能變成拍賣場。

<臉書直播是商品買賣的新藍海>

臉書直播的即時性能吸引粉絲目光，而且沒有技術門檻，只要有手機和網路就能輕鬆上手，開啟麥克風後，再按下臉書的「直播」鈕，就可以向臉書上的朋友販售商品。

　　在結束臉書的直播拍賣後，業者也會將直播視訊放置在臉書中，方便其他的網友點閱瀏覽，甚至寫出下次直播的時間與贈品，以便臉友預留時間收看，預告下次競標的項目，吸引潛在客戶的興趣，或是純分享直播者可獲得的獎勵，讓直播影片的擴散力最大化，這樣的臉書功能不但再次拉抬和宣傳直播的時間，也達到再次行銷的效果與目的。

　　由於現在會使用直播功能的人越來越多，如果各位想從手機上觀看臉書的直播視訊，可從 Facebook APP 右上角按下「選項」鈕，向下捲動並找到「直播視訊」的選項，即可觀看目前的直播節目。如果你想搜尋特定的主題或影片，可在右上角按下 🔍 鈕進行搜尋。

按此鈕可搜尋特定影片或主題

❶ 按此「選項」鈕

❸ 顯示目前各地的直播內容

❷ 點選「直播視訊」的選項（如果沒有看到，請先點選「顯示更多」就可以找到）

Designed by pikisuperstar / Freepik

Web 網站架設與設計流行
心法 —— Google Sites

隨著 Internet 的風行，五花八門的多媒體網站在 Web 上迅速風行，不論是個人、機關或企業都可以在網站上發表想要表現的資訊。因此網站與網頁相關技術已經成為網路族人人必備的基本技能，什麼是網站（Website）？簡單而言就是用來放置網頁（Page）及相關資料的地方，而這個檔案資料夾就稱為「網站資料夾」。當所有的網頁設計完成後，接下來就要讓別人可以經由網際網路的連線，然後到我們所設計的網頁上瀏覽，此時放置頁面的「網站資料夾」就是一個「網站」了。

< web 上有數以億計以上的各種網站 >

12-1 馬上學會的 Google Sites 架站術

Google Sites 是 Google 推出的線上網頁設計及網站架設工具，Google Sites 提供全新的佈景主題，能搭配不同的配色風格，讓設計出來的網頁風格更加時尚美觀，加上它的網站架設就像編輯文件一樣簡單，因此 Google Sites 非常適合學生、社團、中小企業以合作的方式建立專屬網站。許多老師也會使用 Google Sites 來架設班級網頁，在這個班網中可以整合班級所有同學的相簿、指定作業或教學資源，不僅方便全班同學查看，也可以提供給家長使用。

Google Sites 採用所見即所得及智能編輯方式，讓您的網頁設計過程更直覺，即使不懂一行程式碼，也可以快速建立一個漂亮的網站。網站中的網頁編輯流程，就如同在 Google 文件中編輯文章一樣簡單，甚至如果想要網站有多頁面的架構，也可以新增多個分頁，再分別編輯個別的網頁內容。新版 Google Sites 製作出來的網站，能夠符合多螢幕的瀏覽需求，將完成的網站發佈到網路上，即可供全球各地的網友觀看，同時自動適應各種不同大小的螢幕，自動調整版面，相當方便。

12-1-1 登入與建立新的 Google Sites

要登入 Google Sites，請開啟 Google 的 Chrome 瀏覽器，於網址列輸入「https://Sites.google.com/new」，按下「ENTER」鍵就可以連結到 Google Sites 協作平台網站，如果您有登入 Google 帳號，就會進入 Google 協作平台主畫面。

按此鈕建立新的協作平台

12-2 編輯網站主架構

進入如上的協作平台後，只要在主畫面的左下方按下「空白」鈕，就會顯示未命名的協作平台，接下來就要開始網站主架構的編輯工作了。我們將針對網頁命名、套用主題頁面、建立首頁、新增子頁面、標頭、導覽模式、頁尾等資訊做說明，讓各位快速架構出網站。

12-2-1 設定網站名稱

建立新的協作平台後，首先幫你的網站命名吧！取個響亮、好念又好記的主題名稱，將來網站發佈後，其他瀏覽者就可以透過關鍵字搜尋到你的網站。請點選左上角「未命名的網站」的文字方塊，然後輸入網站名稱即可。

反白此文字方塊，然後輸入網站名稱

12-2-2 套用主題範本

Google Sites 內建多種主題範本，可以讓用戶快速選擇並套用喜歡的主題樣式，如此一來即使沒有美術設計師的幫忙，也能擁有一個簡單高雅的網站。要套用主題請從右側的面版切換「主題」標籤，即可看到六種樣式。

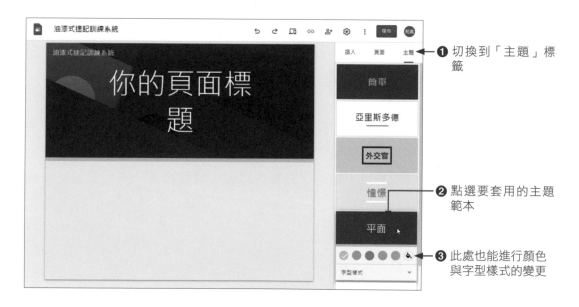

❶ 切換到「主題」標籤

❷ 點選要套用的主題範本

❸ 此處也能進行顏色與字型樣式的變更

套用主題範本後，下方還有提供色彩與字型樣式可以選擇。所搭配的預設顏色如果不適合你的網站主題，也可以按下最右側的圓形色塊，就能在顯示的色譜中挑選顏色，新設定的顏色就會在網頁上呈現出來。

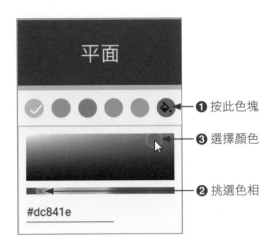

❶ 按此色塊

❸ 選擇顏色

❷ 挑選色相

12-2-3 設定標頭類型

對於你的網站標頭，Google Sites 提供多種的類型可以讓你挑選，不管是大型橫幅、橫幅、只有標題，或是你想使用自己設計的圖片也沒問題喔！要變更標題類型，請先滑鼠移到網頁標頭的左下角，當出現如左下圖的畫面時點選「標頭類型」，就會顯示右下圖的畫面，再依您的期望選擇大型橫幅、橫幅、只有標題等類型。

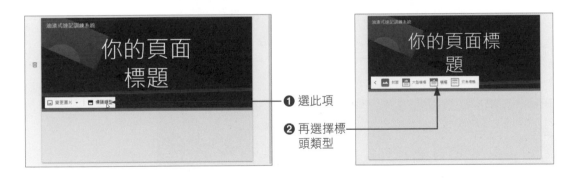

❶ 選此項

❷ 再選擇標頭類型

12-2-4 變更標頭圖片

當你不想套用主題範本的樣式，想要自行選用標頭圖片，那麼就在標頭的左下角選擇「變更圖片」，在下拉的選單中選擇「選取圖片」指令，就能從圖庫、使用網址上傳、搜尋、您的相簿、Google 雲端硬碟等方式選取圖片；而「上傳」指令則是直接由你的電腦中上傳圖檔。

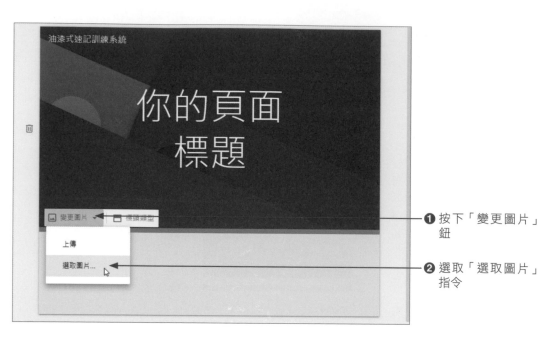

❶ 按下「變更圖片」鈕

❷ 選取「選取圖片」指令

❸ 點選「圖庫」類別

❹ 選取圖片

❺ 按下「選取」鈕

❻ 標題圖片變更完成

按此處可以調整／移除標頭圖片的清晰度

12-2-5 新增 / 編輯標誌

企業標誌是一家公司行號的 Logo，代表著該企業的特色。想要在網站中放置公司行號的 Logo 也沒問題，這裡告訴各位如何新增標誌，同時設定它的背景色彩。

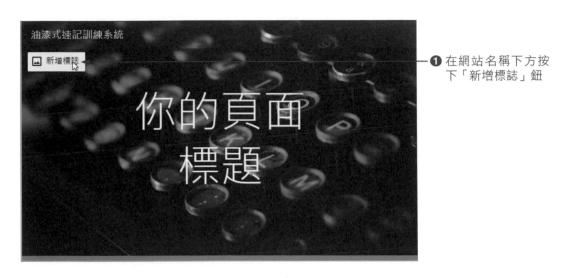

❶ 在網站名稱下方按下「新增標誌」鈕

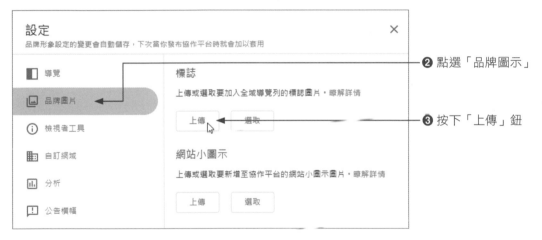

❷ 點選「品牌圖示」

❸ 按下「上傳」鈕

❹ 選取圖片

❺ 按下「開啟」鈕

⑥ 輸入替代文字

⑦ 設定搭配的主題色

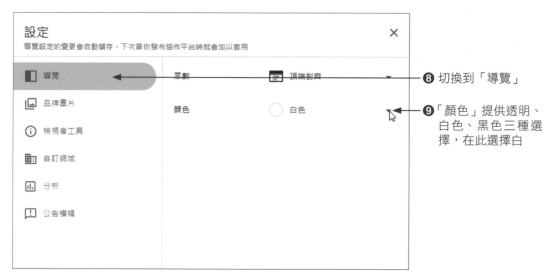

⑧ 切換到「導覽」

⑨「顏色」提供透明、白色、黑色三種選擇，在此選擇白

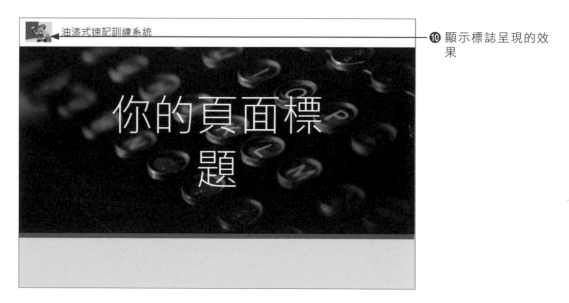

⑩ 顯示標誌呈現的效果

12-2-6 設定首頁標題

對於網站首頁的門面，我們已經設定好標頭、主題、標誌…等，最後就是加入首頁的標題，讓大家對網站有所認知。請點選「您的頁面標題」的文字框，即可輸入文字，並從右上方的面板按鈕中設定標題大小、對齊方式、連結等。

❹ 這裡決定字體大小

❸ 按此下拉可設定對齊方式

❷ 由此下拉可設定標題、標題或一般文字

❶ 輸入首頁的文字內容

12-2-7 新增子頁面

確認網站首頁的門面後，接下來可以準備加入其他的子頁面。請切換到「頁面」標籤，由「首頁」的右側按下「選項」⋮鈕來新增子頁面。

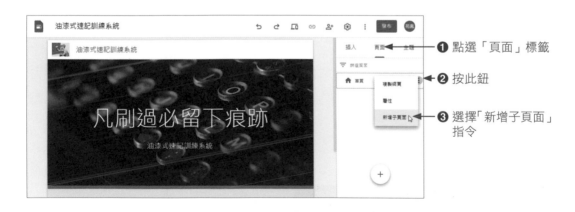

❶ 點選「頁面」標籤

❷ 按此鈕

❸ 選擇「新增子頁面」指令

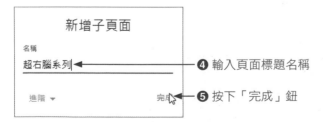

❹ 輸入頁面標題名稱

❺ 按下「完成」鈕

⑥ 顯示新加入的子頁面

⑦ 依前面介紹的技巧，即可調整標題字大小或標頭類型

接下來你可以依據你的網站架構圖來「新增子頁面」或「複製網頁」，它的層級架構就會自動在「頁面」標籤中顯示出來。如下圖所示：

顯示網站層級

12-2-8 設定導覽模式

當你在 Google Sites 已架設好網站頁面的層級後，瀏覽網站的人便可以在導覽列上看到所有的網站頁面。請從網站右上角按下「首頁」鈕，裡面的清單便是你剛剛新增的子頁面。

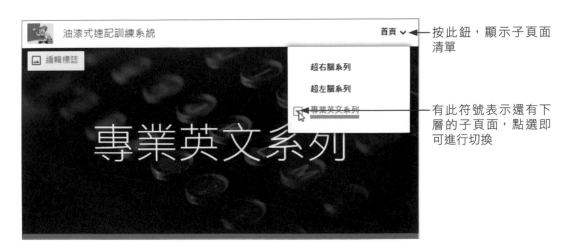

按此鈕，顯示子頁面清單

有此符號表示還有下層的子頁面，點選即可進行切換

Google Sites 提供兩種不同的導覽模式，一個是剛剛各位所看到的「頂端導覽」，另一個則是「側邊導覽」，它會顯示在網頁的左上角。想要變更導覽模式，請由左上角的 ⚙ 鈕進行變更。

❶ 按此鈕使顯現下圖視窗

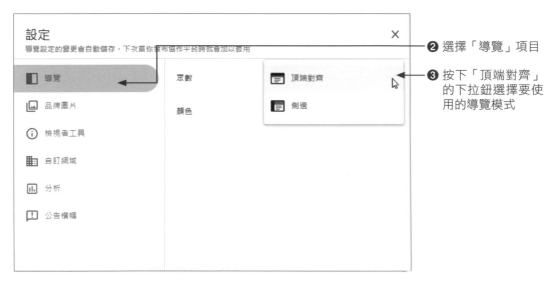

❷ 選擇「導覽」項目

❸ 按下「頂端對齊」的下拉鈕選擇要使用的導覽模式

在預設的狀態下，網站中所新增的頁面都會出現在導覽列中，如果你的網站架構龐大，有些頁面不希望顯示在導覽列上，那麼可以將該頁面隱藏起來。隱藏方式如下：

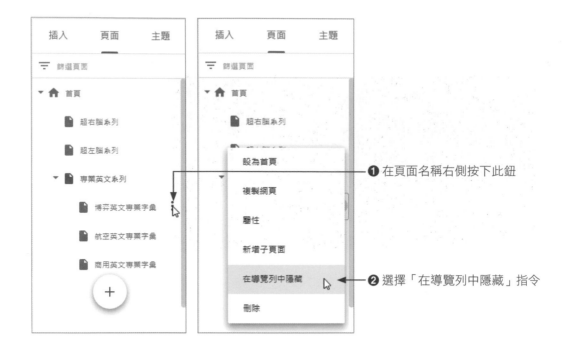

❶ 在頁面名稱右側按下此鈕

❷ 選擇「在導覽列中隱藏」指令

12-2-9 設定頁尾資訊

網站上通常會將公司行號的連絡資訊或版權聲明顯示在網頁下方，Google Sites 當然也有提供這樣的區塊讓你設定頁尾資訊，只要設定一次後，每個頁面下方就會自動顯示頁尾資訊。請將網頁移到最底端，當出現「新增頁尾」的方塊，即可輸入文字內容，上方也有提供基本的格式設定鈕讓你選用。

❶ 在網頁底端按下此方塊

❸ 由此面板設定文字格式與對齊方式

❷ 輸入文字內容

❹ 按此鈕設定版面背景

❺ 由選項中可設定頁尾的背景色彩或圖片

12-3 編輯網頁內容

在前面的小節中,我們已將網站架構設置完成,接下來就是進行每個頁面的設計編排。頁面中可以插入文字方塊、圖片,也能透過 Google Sites 所提供的版面配置來插入物件,除此之外,按鈕、分隔線、YouTube 影片、日曆、地圖、Google 文件、簡報、試算表、表單、圖表…等,都可輕鬆加入到網站中。這些物件都放置在「插入」標籤中。

「插入」標籤提供各種物件可以進行插入

限於篇幅的關係，我們僅針對幾項常用的功能做說明，其餘的就請各位自行嘗試。

12-3-1 運用版面配置編排版面

「插入」標籤的「版面配置」裡存放著許多的配置圖可供各位選用，點選想要的配置方式，該配置立即顯示在網頁的編輯區中。

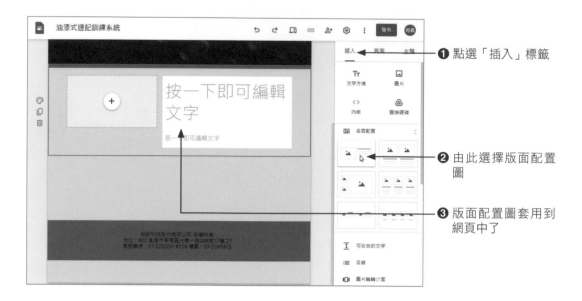

① 點選「插入」標籤

② 由此選擇版面配置圖

③ 版面配置圖套用到網頁中了

插入版面配置後，點選文字方塊即可輸入標題和內文字，而文字方塊上方有提供面板可以設定字體大小、格式與對齊方式。點選圖片區塊中的 ⊕ 鈕則可以選擇上傳圖片、YouTube 影片、地圖、日曆等各種物件，如下圖所示：

當各位上傳圖片後，圖片上方也有提供如左下圖的面板，如果相片需要進行裁切，按下 ⬚ 後將顯示右下圖的畫面，你可以使用滑鈕來縮放尺寸，也可以使用滑鼠來調整顯示的位置，相當便利。如果不想裁切畫面則請按 ⟦ ⟧ 鈕取消剪裁。

12-3-2　文字方塊的插入與背景設定

假如網頁中只想要編排文字，那麼就從「插入」標籤中選用「文字方塊」 **Tᴛ** 鈕。

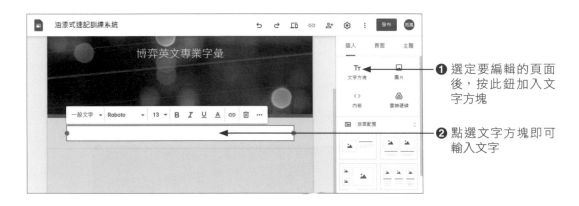

❶ 選定要編輯的頁面後，按此鈕加入文字方塊

❷ 點選文字方塊即可輸入文字

插入文字後，預設的文字方塊背景是白色，如果想要變更背景成為透明或是使用圖片效果，可以在文字方塊外按下 🎨 鈕，當出現如下的「版面背景」清單時，選擇「強調 1」的選項，文字方塊就變透明。

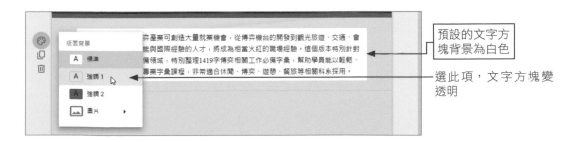

預設的文字方塊背景為白色

選此項，文字方塊變透明

如果選擇「圖片」的選項，則是可以上傳圖片或選取圖片，如下圖所示是選用「圖庫」中的圖片所顯示的結果。

12-3-3 設定文字或圖片的超連結

所加入的文字或圖片如果需要加入超連結，以便連結到指定的網頁，那麼透過圖文上方面板中的「插入連結」鈕就可以辦到。

以圖片為例，在如下的面板中輸入連結的網址，按下「套用」鈕就可以完成。如果文字插入連結，那麼文字下方就會顯示下底線。

12-3-4 插入按鈕

Google Sites 裡也可以輕鬆加入按鈕與按鈕連結，由「插入」標籤按下「按鈕」，就會進入如下的視窗。

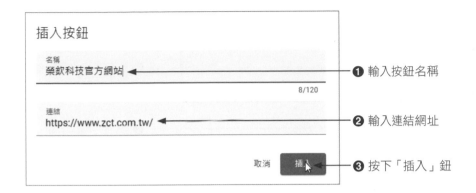

❶ 輸入按鈕名稱
❷ 輸入連結網址
❸ 按下「插入」鈕

當你輸入按鈕名稱，按下「連結」時，下方就會自動顯示網站中已建立的頁面 (如上圖所示)，你可以直接點選要連結的頁面名稱就能進行連結，如果是要連結到外面的網站，就請直接輸入網址，按下右下角的「插入」鈕就完成設定。

頁面中加入按鈕後，可以拖曳按鈕的右邊界來調整按鈕的顯示長度。至於按鈕顏色則是與「版面背景」的選定有關，可透過 🎨 鈕進行調整。

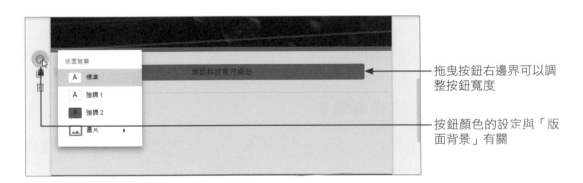

拖曳按鈕右邊界可以調整按鈕寬度

按鈕顏色的設定與「版面背景」有關

12-3-5 插入 YouTube 影片

YouTube 是一個影音分享網站，能讓會員將自製的視訊短片上傳至網站上。已上傳到 YouTube 影片也可以輕鬆加到 Google Sites 之中，請由「插入」標籤按下「YouTube」選項，再進行以下的步驟設定即可。

❶ 切換到「搜尋影片」標籤

❷ 輸入影片的網址,按下「搜尋」鈕進行搜尋

❸ 選取已搜尋到的影片

❹ 按下「選取」鈕

按此鈕進行影片設定

按此鈕在新分頁中開啟

❺ 拖曳右下角即可放大顯示的尺寸

影片插入後,按下面板上的「設定」⚙ 鈕可以進行影片設定,包括隱藏控制介面、進度列顏色、允許全螢幕等設定。

12-3-6 新增共同協作編輯者

Google Sites 所建立的網站是允許多人共同編輯的,所以主編輯者如果想要邀請其他人共同協作平台的資料,可在網站上方按下 👥+ 鈕進行設定。

❶ 按此鈕與他人共用

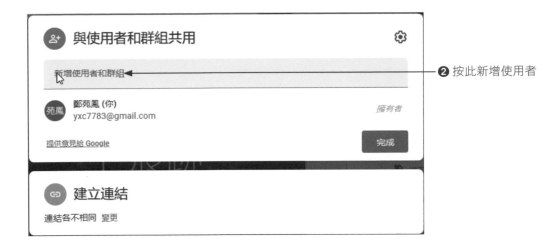

❷ 按此新增使用者

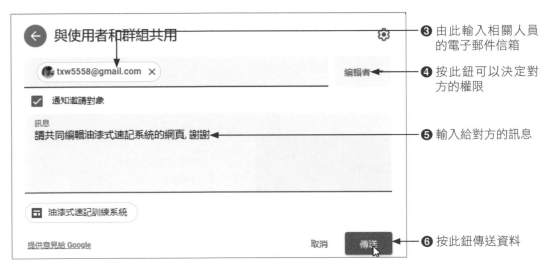

❸ 由此輸入相關人員的電子郵件信箱

❹ 按此鈕可以決定對方的權限

❺ 輸入給對方的訊息

❻ 按此鈕傳送資料

當對方收到你寄來的信件後，按下信件中的「開啟」鈕就能進入協作平台進行編輯。

12-4 網站的預覽與發佈

辛苦利用 Google Sites 提供的功能建構網站後，當然是要發佈出去，這樣可以讓更多的人看到你的網站，以便進行理念的宣傳或商品的推廣。頁面編輯的過程中你可以隨時預覽，這樣才能掌控畫面的品質，有錯誤或不妥的地方可以進行修正，這樣發佈出去才不會出糗，這裡就來看看如何進行預覽與發佈。

12-4-1 預覽頁面

網頁編輯到一個階段後，最好進行一下頁面的「預覽」，這樣可以較清楚知道發佈後的畫面效果。由於 Google Sites 編輯的網頁可以適應各種不同大小的螢幕，所以在預覽時可透過切換鈕來進行查看。

❷ 按下「預覽」鈕

❶ 由「頁面」標籤切換到要瀏覽的頁面

❸ 顯示預覽的畫面

❹ 由此面板切換到手機、平板電腦、大螢幕

❺ 預覽完畢按此鈕結束預覽

12-4-2 發佈網站

確認過所有編輯的網頁內容後，最後就是公諸於世，請按下視窗右上角的 發布 鈕，使進入如下的設定視窗。

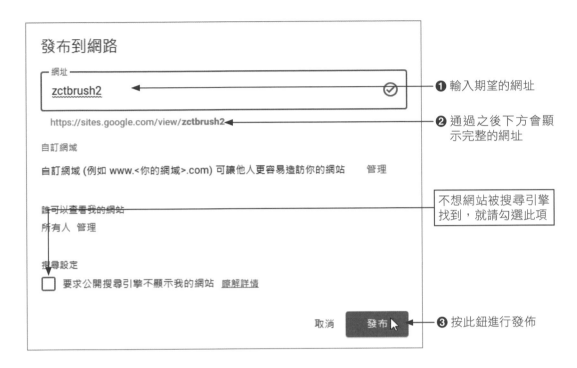

各位可以在「網址」的欄位中自行輸入想要的網址，如果該網址已經有其他網站使用，它就會出現紅色的文字告知，直到設定的網址未被使用過，後方就會出現 ⊘ 鈕。確認網址之後按下 發佈 鈕就會發佈出去。

網站發佈出去後，任何人只要輸入該網址就能瀏覽網站內容。對於你所發佈的網站，由 發佈 鈕下拉也可查看已發佈的網站，或是進行發佈設定的變更。如果要取消發佈，也是由「發佈」鈕下拉選擇取消發佈。

協作平台如果取消發佈，Google Sites 就會下線，但你仍然可以再次編輯或是重新發佈這個網站。

NOTE

Designed by pikisuperstar / Freepik

AI 繪圖實務

在這個瞬息萬變的數位時代，人工智慧（AI）正以驚人的速度發展和應用於各個領域，其中，生成式 AI 繪圖成為一個引人注目的研究領域，它結合了機器學習、圖像處理和創意藝術，透過演算法生成以人類藝術家為靈感的圖像和繪畫。這種技術不僅在藝術創作領域中具有巨大潛力，並且廣泛應用於遊戲開發、設計和影視製作等領域。然而，隨著生成式 AI 繪圖技術的快速發展，也引發了一系列道德和法律問題，需要我們進一步探討和思考。

13-1 ChatGPT 與影像處理

ChatGPT 是由 OpenAI 所開發、基於生成式 AI 的一款免費聊天機器人，擁有強大的自然語言生成能力，可以根據上下文進行對話，並進行多種應用，包括客戶服務、銷售、產品行銷等，推出短短兩個月，全球用戶已超過 1 億，超越抖音的用戶量。ChatGPT 能和人類以一般人的對話方式與使用者互動，例如提供建議、寫作輔助、寫程式、寫文章、寫信、寫論文、劇本小說…等，而且所回答的內容有模有樣，除了可以給予各種問題的建議，也可以幫忙下達影像處理的指導步驟，例如下列二圖的回答內容：

TX 請問如何在Photoshop進行圖片的去背處理

在Photoshop中進行圖片的去背處理有多種方法。以下是一種常用的方法，稱為「選擇」和「遮罩」：

1. 打開你想要去背的圖片。
2. 使用選擇工具（如魔棒工具、快速選擇工具或套索工具）選擇圖片的主要元素。你可以使用選擇工具逐步選取或取消選取圖片中的區域，直到你滿意為止。如果你不熟悉這些工具的使用方法，可以通過查看Photoshop的說明文件或在網上尋找相關教學來學習如何使用它們。
3. 一旦你選擇了主要元素，你可以調整選擇邊緣的精確度。選擇->修改->邊緣，然後在彈出的對話框中調整設置。你可以使用平滑、半徑和對比度等選項來優化選擇的邊緣。
4. 確定你的選擇完整後，創建一個圖層遮罩。在圖層面板上，點擊「新增圖層遮罩」按鈕（方形遮罩圖示），這將根據你的選擇創建一個遮罩圖層。
5. 遮罩圖層將只顯示你所選擇的部分，其他部分將被隱藏。如果你需要進一步微調去背的結果，可以使用筆刷工具（在遮罩模式下）繪製或擦除特定區域，以便達到更精確的去背效果。
6. 保存圖片時，選擇支援透明背景的格式（如PNG），以便保留圖片的透明性。

以上步驟僅為一種去背的方法，具體操作可能因圖片的複雜度和你的需求而有所不同。Photoshop提供了許多工具和技術，可以根據具體情況進行更高級的去背處理。如果你想更深入地學習Photoshop的選擇和遮罩技術，可以通過閱讀相關教學或參考Photoshop的說明文件進一步了解。

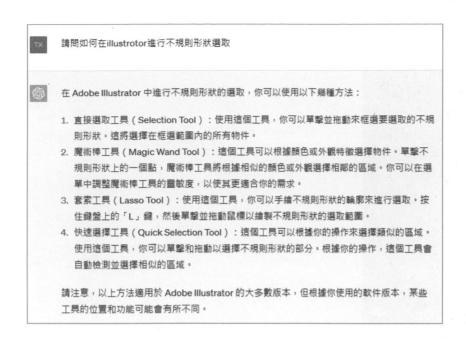

13-1-1 註冊免費 ChatGPT 帳號

首先我們就先來示範如何註冊免費的 ChatGPT 帳號。請先登入 ChatGPT 官網，它的網址為 https://chat.openai.com/，登入官網後，若沒有帳號的使用者，可以直接點選畫面中的「Sign up」按鈕註冊一個免費的 ChatGPT 帳號：

註冊完畢後，就可以正式啟用 ChatGPT。登入 ChatGPT 之後，會看到下圖中的畫面，在畫面中可以找到許多和 ChatGPT 進行對話的真實例子，也可以了解使用 ChatGPT 有哪些限制。

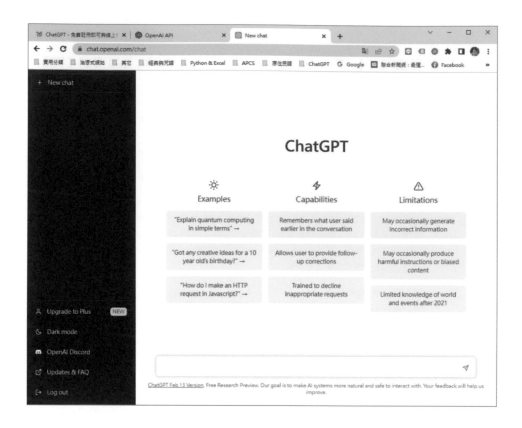

13-1-2　更換新的機器人

　　如果你想要結束這個機器人，可以點選左側的「New Chat」，就會重新回到起始畫面，並開啟一個新的訓練模型，這個時候輸入同一個題目，得到的結果可能會不一樣。

13-1-3 利用 ChatGPT 認識繪圖知識

本小節將引導你透過與 ChatGPT 的互動,深入了解繪圖的基礎概念,從色相的入門認識到色彩模式和影像色彩類型的理解。

⊕ 利用 ChatGPT 了解色相

我們將對 ChatGPT 提問色相的定義以及不同色相之間的關係;透過 ChatGPT 的解說和實例,你將能夠更好地理解和運用色相於你的繪圖創作中。

Q Prompt 指令

請簡述在影像繪圖領域色相的定義以及不同色相之間的關係

ChatGPT 回答畫面

TX　　請簡述在影像繪圖領域色相的定義以及不同色相之間的關係

在影像繪圖領域,色相是指顏色的基本特徵之一,用於描述色彩在色譜中的位置。它是指色彩的純度,不受亮度(明度)和飽和度的影響。色相可以通過顏色在色譜上所處的位置來定義,常見的色譜包括色相環或彩虹光譜。

色相環是一種環形的色譜圖,將顏色按照色相的連續變化排列。在色相環中,紅色位於圓形頂部,接著是黃色、綠色、青色、藍色,最後是洋紅色,形成一個連續的循環。這意味著色相具有循環性,相鄰的色相之間具有相似的特徵。

不同色相之間的關係可以分為以下兩個方面:

1. 相似色相關係:相鄰的色相在色相環上靠近,它們之間具有相似的基本色調。這些相鄰的色相在視覺上相對較接近,並具有一定的色彩衍生關係。例如,紅色和橙色是相鄰的色相,它們之間具有溫暖的色調。

2. 互補色相關係:互補色相是指在色相環上相隔180度的色相,互補色相之間的關係是相互補充的,它們在視覺上產生強烈對比,常用於色彩平衡和創造動態效果。例如,紅色和綠色是互補色相,它們在一起形成強烈的對比效果。

理解色相的定義和不同色相之間的關係可以幫助我們更好地選擇和應用顏色,創造出令人驚豔的視覺效果。無論是平面設計、攝影還是數位繪圖,色相是一個重要的概念,值得我們深入研究和掌握。

⭐ 利用 ChatGPT 了解色彩三要素

色彩是由三個主要要素組成的：色相、飽和度和明度。本小節將深入探討色相、飽和度和明度這三個要素的意義和作用；透過 ChatGPT 的指引，你將學會如何運用這些要素來創造出令人驚艷的色彩效果。

❓ Prompt 指令

請簡述在影像繪圖領域色相、飽和度和明度這三個要素的意義和作用。

🤖 ChatGPT 回答畫面

> TX　請簡述在影像繪圖領域色相、飽和度和明度這三個要素的意義和作用。
>
> 在影像繪圖領域，色相、飽和度和明度是三個重要的色彩要素，它們共同影響著圖像的色彩效果和視覺感受。
>
> 1. 色相（Hue）：色相是指顏色的基本特徵，用於描述色彩的純度和基本色調。不同的色相呈現出不同的顏色，例如紅色、綠色、藍色等。色相可以創造出不同的情感和氛圍，它在繪圖中用於選擇和配置顏色，營造特定的視覺效果。
> 2. 飽和度（Saturation）：飽和度指的是顏色的純度和鮮艷程度，也可以理解為顏色的鮮艷度。飽和度高的顏色顯得鮮明豔麗，而飽和度低的顏色則較灰暗或淡化。通過調整飽和度，我們可以改變圖像中的色彩強度和對比度，使其更加饒富表現力和生動。
> 3. 明度（Brightness）：明度指的是顏色的明暗程度，也可以理解為亮度。明度高的顏色看起來較亮和明亮，而明度低的顏色則較暗和陰影。通過調整明度，我們可以改變圖像的光線和陰影效果，營造出不同的光影效果和氛圍。
>
> 這三個要素在影像繪圖中相互交互作用，共同決定了圖像的色彩表現和視覺感受。透過調整色相、飽和度和明度，我們可以創造出多樣化的色彩效果，表達出不同的情感、氛圍和主題。它們在平面設計、攝影、數位繪畫等領域都扮演著關鍵的角色，幫助我們傳達訊息、引起注意、創造美感和產生視覺效果。

⭐ 利用 ChatGPT 了解色彩模式

在數位繪圖中，色彩模式是影響圖像顯示和處理的重要因素，不同的色彩模式可以帶來不同的色彩表現和文件大小。在本小節中，我們將介紹一些常見的色彩模式，例如 RGB、CMYK 和灰階模式。

Prompt 指令

請簡述在影像繪圖領域 RGB 色彩模式的特點和適用場景。

🤖 ChatGPT 回答畫面

> TX　請簡述在影像繪圖領域RGB色彩模式的特點和適用場景。
>
> 🟢　在影像繪圖領域，RGB 色彩模式是一種使用紅色（Red）、綠色（Green）和藍色（Blue）三原色來表示顏色的模式。它具有以下特點和適用場景：
>
> 特點：
>
> 1. 廣色域：RGB 色彩模式可以呈現極廣的色彩範圍，能夠表達出生動、飽滿的顏色效果。
> 2. 加法混色：通過不同強度的紅、綠、藍三原色的組合，產生各種顏色。三原色的混合可以創造出數量龐大的顏色變化。
> 3. 光源依賴：RGB 是建立在光線的加法混色原理上，對光源的顏色和亮度非常敏感。
>
> 適用場景：
>
> 1. 數位顯示：由於大多數數位設備（如電腦螢幕、數位攝影機、顯示器）使用紅、綠、藍燈光來顯示影像，因此 RGB 色彩模式是最常用的模式之一。它能夠準確地呈現影像在數位設備上的色彩效果。
> 2. 平面設計：RGB 色彩模式常用於平面設計，如網頁設計、圖標、海報等。它可以呈現鮮豔、飽滿的顏色效果，並在數位媒體上得到準確顯示。
> 3. 數位攝影：數位相機捕捉的影像通常以 RGB 色彩模式保存。RGB 能夠準確再現攝影中的色彩細節，並提供後期編輯和校色的彈性。
> 4. 視訊編輯：視訊編輯中常使用 RGB 色彩模式來處理和調整影像。RGB 可以確保視訊影像在不同顯示設備上的一致性和精確性。
>
> 總結來說，RGB 色彩模式在影像繪圖領域具有廣泛應用。它的廣色域、加法混色特性以及適應數位顯示設備的能力使其成為呈現真實顏色和創造多彩影像的理想選擇。

請簡述在影像繪圖領域 CMYK 色彩模式的特點和適用場景。

 ChatGPT 回答畫面

TX | 請簡述在影像繪圖領域CMYK色彩模式的特點和適用場景。

CMYK色彩模式在影像繪圖領域中具有以下特點和適用場景：

特點：

1. 顏色減法：CMYK色彩模式使用青色（Cyan）、洋紅色（Magenta）、黃色（Yellow）和黑色（Key）的組合來表示顏色。這是一種顏色減法模式，通過減少顏色的混合來產生其他顏色。
2. 有限色域：相較於RGB色彩模式，CMYK色彩模式的色域較窄，無法呈現一些極飽和和亮度較高的顏色。
3. 印刷專用：CMYK色彩模式主要用於印刷行業，它能夠準確再現印刷品的顏色效果，因為印刷過程使用的是青、洋紅、黃和黑色墨水。

適用場景：

1. 印刷設計：CMYK色彩模式是印刷設計中最常用的模式。它能夠準確呈現印刷品的顏色，提供可靠的顏色預覽和色彩管理，確保印刷品與設計意圖一致。
2. 印刷預備：在進行印刷前的預備工作中，將圖像轉換為CMYK色彩模式可以確保顏色的一致性和印刷品的準確呈現，以達到印刷需求。
3. 印刷品後期處理：在印刷品的後期處理中，CMYK色彩模式可用於調整顏色平衡、校色和印刷色彩校準，以獲得更準確的印刷效果。
4. 印刷流程控制：CMYK色彩模式有助於控制印刷流程中的色彩管理，確保印刷品與預期的顏色一致，並優化印刷成本和效率。

總結來說，CMYK色彩模式在影像繪圖領域中適用於印刷設計、印刷預備和印刷品後期處理等相關領域，以確保印刷品的色彩準確性和一致性。

13-2 生成式 AI 繪圖簡介

本節首先將介紹生成式 AI 繪圖的基本概念和原理。生成式 AI 繪圖是指利用深度學習和生成對抗網路（Generative Adversarial Networks，簡稱 GAN）等技術，使機器能夠生成逼真、創造性的圖像和繪畫。

深度學習算是 AI 的一個分支，也可以看成是具有更多層次的機器學習演算法；深度學習蓬勃發展的原因之一，無疑就是持續累積的大數據。

生成對抗網路是一種深度學習模型，用來生成逼真的假資料。GAN 由兩個主要組件組成：產生器（Generator）和判別器（Discriminator）。

產生器是一個神經網路模型，它接收一組隨機噪音作為輸入，並試圖生成與訓練資料相似的新資料；換句話說，產生器的目標是生成具有類似統計特徵的資料，例如圖片、音訊、文字等。產生器的輸出會被傳遞給判別器進行評估。

判別器也是一個神經網路模型，它的目標是區分產生器生成的資料和真實訓練資料。判別器接收由產生器生成的資料和真實資料的樣本，並試圖預測輸入資料是來自產生器還是真實資料。判別器的輸出是一個概率值，表示輸入資料是真實資料的概率。

GAN 的核心概念是產生器和判別器之間的對抗訓練過程：產生器試圖欺騙判別器，生成逼真的資料以獲得高分，而判別器試圖區分產生器生成的資料和真實資料，並給出正確的標籤。這種競爭關係迫使產生器不斷改進生成的資料，使其越來越接近真實資料的分布，同時判別器也隨之提高其能力以更好地辨別真實和生成的資料。

透過反覆迭代訓練產生器和判別器，GAN 可以生成具有高度逼真性的資料。這使得 GAN 在許多領域中都有廣泛的應用，包括圖片生成、影片合成、音訊生成、文字生成等。

生成式 AI 繪圖是指利用生成式人工智慧（AI）技術來自動生成或輔助生成圖像或繪畫作品。生成式 AI 繪圖可以應用於多個領域，例如：

◆ **圖像生成**：生成式 AI 繪圖可用於生成逼真的圖像，如人像、風景、動物等。這在遊戲開發、電影特效和虛擬實境等領域廣泛應用。

◆ **補全和修復**：生成式 AI 繪圖可用於圖像補全和修復，填補圖像中的缺失部分或修復損壞的圖像。這在數位修復、舊照片修復和文化遺產保護等方面具有實際應用價值。

◆ **藝術創作**：生成式 AI 繪圖可作為藝術家的輔助工具，提供創作靈感或生成藝術作品的基礎。藝術家可以利用這種技術生成圖像草圖、著色建議或創造獨特的視覺效果。

◆ **概念設計**：生成式 AI 繪圖可用於產品設計、建築設計等領域，幫助設計師快速生成並視覺化各種設計概念和想法。

總而言之，生成式 AI 繪圖透過深度學習模型和生成對抗網路等技術，能夠自動生成逼真的圖像，在許多領域中展現出極大的應用潛力。

13-2-1 實用的 AI 繪圖生圖神器

在本節中，我們將介紹一些著名的 AI 繪圖生成工具和平台，這些工具和平台將生成式 AI 繪圖技術應用於實際的軟體和工具中，讓一般使用者也能輕鬆地創作出美麗的圖像和繪畫作品。這些 AI 繪圖生成工具和平台的多樣性讓使用者可以根據個人喜好和需求選擇最適合的工具，一些工具提供照片轉換成藝術風格的功能，讓使用者能夠將普通照片轉化為令人驚艷的藝術作品，其他工具則可能專注於提供多種繪畫風格和效果，讓使用者能夠以全新的方式表達自己的創意。以下是一些知名 AI 繪圖生成工具和平台的例子：

⭐ Midjourney

Midjourney 是一個 AI 繪圖平台，它讓使用者無需具備高超的繪畫技巧或電腦技術，僅需輸入幾個關鍵字，便能快速生成精緻的圖像。這款繪圖程式不僅高效，而且能夠提供出色的畫面效果。

網站連結 https://www.midjourney.com

⭐ Stable Diffusion

Stable Diffusion 是 2022 年推出的深度學習模型，專門用於從文字描述生成詳細圖像。除了這個主要應用，它還可應用於其他任務，例如內插繪圖、外插繪圖及以提示詞為指導生成圖像翻譯。

網站連結 https://stablediffusionweb.com/

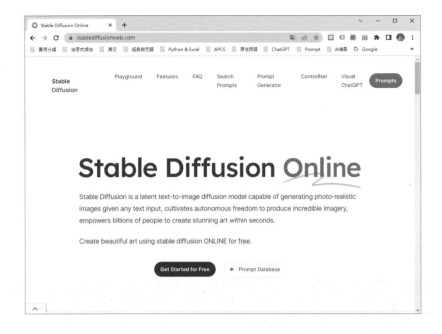

⭐ DALL-E 2

非營利的人工智慧研究組織 OpenAI 在 2021 年初推出了名為 DALL-E 的 AI 製圖模型,「DALL-E」這個名字來自藝術家薩爾瓦多達利(Salvador Dali)和機器人瓦力(WALL-E)的合成詞。使用者只需在 DALL-E 這個 AI 製圖模型中輸入文字描述,就能生成對應的圖片。而 OpenAI 後來也推出了升級版的 DALL-E 2,這個新版本生成的圖像不僅更加逼真,還能夠進行圖片編輯的功能。

網站連結 https://openai.com/dall-e-2

✪ Bing Image Creator

MircrosoftBing 針對台灣使用者推出了一款免費的 AI 繪圖工具，名為「Bing Image Creator」（影像建立者）。這個工具是基於 OpenAI 的 DALL-E 圖片生成技術開發而成，使用者只需使用他們的 Mircrosoft 帳號登入該網頁，即可免費使用，並且對於一般使用者來說非常容易上手。這個工具使用起來非常簡單，圖片生成的速度也相當迅速（大約幾十秒內完成），只需要在提示語欄位輸入圖片描述，即可自動生成相應的圖片內容。不過需要注意的是，一旦圖片生成成功，每張圖片的左下方會帶有 MircrosoftBing 的小標誌，使用者可以自由下載這些圖片。

網站連結 https://www.bing.com/create

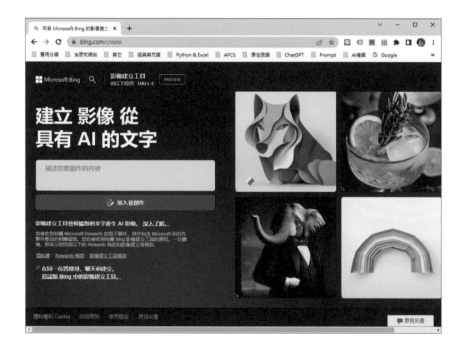

✪ Playground AI

Playground AI 是一個簡易且免費使用的 AI 繪圖工具，使用者不需要下載或安裝任何軟體，只需使用 Google 帳號登入即可。相較於其他 AI 繪圖工具的限制更大，Playground AI 每天提供 1,000 張免費圖片的使用額度，讓你有足夠的測試空間，且使用上也相對簡單，提示詞接近自然語言，不需調整複雜參數。首頁提供多個範例供參考，當各位點擊「Remix」可以複製設定重新繪製一張圖片。請注意：使用量達到 80% 時會通知，避免超過 1,000 張限制，否則隔天將限制使用間隔時間。

網站連結 https://playgroundai.com/

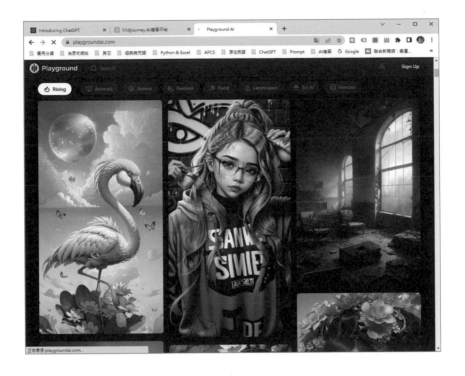

　　這些知名的 AI 繪圖生成工具和平台提供了多樣化的功能和特色，讓使用者能夠嘗試各種有趣和創意的 AI 繪圖生成。然而，需要注意的是，有些工具可能需要付費或提供高級功能時需付費；除此之外，使用這些工具時請務必遵守相關的使用條款和版權規定，尊重原創作品和知識產權。

　　在使用這些工具時，除了遵守使用條款和版權規定外，也要注意隱私和數據安全，確保你的圖像和個人資訊在使用過程中得到妥善保護。此外，了解這些工具的使用限制和可能存在的水印或其他限制，以便做出最佳選擇。

　　藉助這些 AI 繪圖生成工具和平台，你可以在短時間內創作出令人驚艷的圖像和繪畫作品，即使你不具備專業的藝術技能。請享受這些工具帶來的創作樂趣，並將它們作為展示你創意的一種方式。

13-2-2　生成的圖像版權和知識產權

　　生成的圖像是否侵犯了版權和知識產權是生成式 AI 繪圖中一個重要的道德和法律問題，這個問題的答案並不簡單，因為涉及到不同國家的法律和法規，以及具體情境的考量。

首先，生成式 AI 繪圖是透過學習和分析大量的圖像數據來生成新的圖像，這意味著生成的圖像可能包含了原始數據集中的元素和特徵，甚至可能與現有的作品相似。如果這些生成的圖像與已存在的版權作品相似度非常高，可能會引發版權侵犯的問題。

然而，要確定是否存在侵權，需要考慮一些因素，如創意的獨創性和原創性。如果生成的圖像是透過模型根據大量的數據自主生成的，並且具有獨特的特點和創造性，就有可能被視為新的創作，並不侵犯他人的版權。

再者，法律對於版權和知識產權的保護也是因地區而異的，不同國家和地區有不同的版權法律和法規，其對於原創性、著作權期限以及著作權歸屬等方面的規定也不盡相同。因此，在判斷生成的圖像是否侵犯版權時，需要考慮當地的法律條款和案例判例。

總之，生成式 AI 繪圖引發的版權和知識產權問題是一個複雜的議題，確定是否侵犯版權需要綜合考慮生成圖像的原創性、獨創性以及當地法律的規定。對於任何涉及版權的問題，建議諮詢專業法律意見以確保遵守當地法律和法規。

13-2-3　生成式 AI 繪圖中的欺詐和偽造問題

生成式 AI 繪圖的欺詐和偽造問題需要綜合的解決方法。以下是幾個關鍵的措施：

首先，技術改進是處理這個問題的重點。研究人員和技術專家應該致力於改進生成式模型，以增強模型的辨識能力，這可以透過更強大的對抗樣本訓練、更好的數據正規化和更深入的模型理解等方式實現。這樣的技術改進可以幫助識別生成的圖像，並區分真實和偽造的內容。

其次，數據驗證和來源追蹤是關鍵的措施之一，建立有效的數據驗證機制可以確保生成式 AI 繪圖的數據來源的真實性和可信度。這可以包括對數據進行標記、驗證和驗證來源的技術措施，以確保生成的圖像是基於可靠的數據。

第三，倫理和法律框架在生成式 AI 繪圖中也扮演著重要的角色，因而建立明確的倫理準則和法律框架可以規範使用生成式 AI 繪圖的行為，限制不當使用。這可能涉及監管機構的參與、行業標準的制定和相應法律法規的制定。這樣的框架可以確保生成式 AI 繪圖的合理和負責任的應用。

第四，公眾教育和警覺也是重要的面向，對於一般使用者和公眾來說，理解生成式 AI 繪圖的能力和限制是關鍵的一環。公眾教育的活動和資源可以提高大眾對這些問題的認識，並提供指南和建議，以幫助他們更好地應對；這包括對使用者提供識別偽造圖像的工具和資源，以及教育使用者如何以適當的方式使用生成式 AI 繪圖技術。

此外，合作和多方參與也是解決這個問題的關鍵。政府、學術界、技術公司和社會組織之間的合作，是處理生成式 AI 繪圖中的欺詐和偽造問題的關鍵，這些利害相關者可以共同努力，透過知識共享、經驗交流和協作合作來制定最佳實踐和標準。

另外，技術公司和平台提供商可以加強內部審查機制，確保生成式 AI 繪圖技術的合規和遵守相關政策；而政府和監管機構在處理生成式 AI 繪圖的欺詐和偽造問題方面也能發揮著關鍵作用，他們可以制定相應的法律法規，明確生成式 AI 繪圖的使用限制和義務，確保技術的負責任和合規性。

13-2-4 生成式 AI 繪圖隱私和數據安全

生成式 AI 繪圖引發了一系列與隱私和數據安全相關的議題。以下是對這些議題的簡要介紹：

1. **數據隱私**：生成式 AI 繪圖需要大量的數據作為訓練資料，這可能涉及使用者個人或敏感訊息的收集和處理。

2. **數據洩露和滲透**：生成式 AI 繪圖系統涉及大量的資料處理和儲存，因此存在資料數據洩露和滲透的風險，這可能導致個人敏感訊息外洩或用於惡意用途。

3. **社交工程和欺詐攻擊**：生成式 AI 繪圖技術的濫用可能導致社交工程和欺詐攻擊的增加。這可能包括使用生成的圖像進行偽裝、身分詐騙或虛假訊息的傳播。防止這些攻擊需要加強使用者教育、增強識別偽造圖像的能力，並建立有效的監測和反制機制。

13-3 Dalle・2（文字轉圖片）

DALL-E 2 利用深度學習和生成對抗網路（GAN）技術來生成圖像，並且可以從自然語言描述中理解和生成相應的圖像。例如，常給定一個描述「請畫出有很多氣球的生日禮物」時，DALL-E 2 可以生成對應的圖像。

DALL-E 2 模型的重要特點是它具有更高的圖像生成品質和更強大的圖像生成能力，使得它可以創造出更複雜、更具細節和更逼真的圖像。DALL-E 2 模型的應用非常廣、而且商機無窮，可以應用於視覺創意、商業設計、教育和娛樂等各個領域。

13-3-1 利用 DALL-E 2 以文字生成高品質圖像

　　要體會這項文字轉圖片的 AI 利器，可以連上 https://openai.com/dall-e-2/ 網站，接著請按下圖中的「Try DALL-E」鈕：

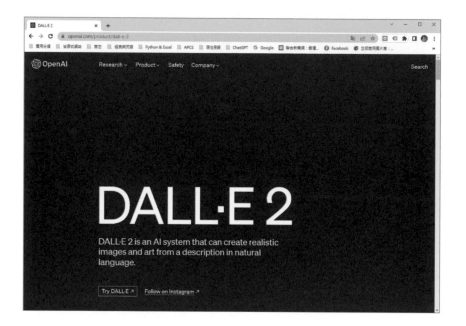

　　再按下「Continue」鈕表示同意相關條款：

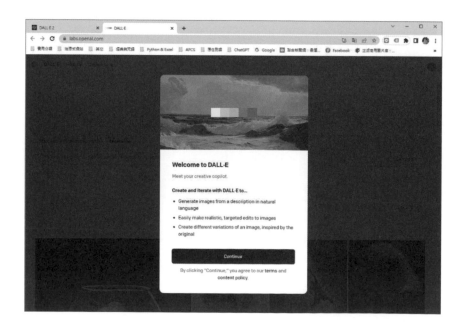

如果想要馬上試試，就可以按下圖中的「Start creating with DALL-E」鈕：

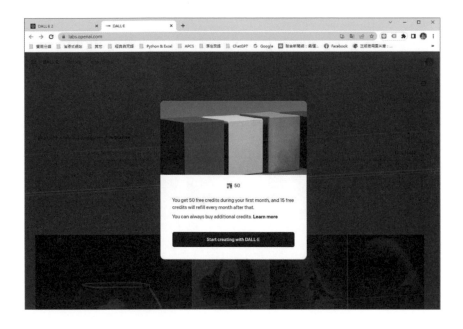

接著請輸入關於要產生的圖像的詳細描述，例如下圖輸入「請畫出有很多氣球的生日禮物」，再按下「Generate」鈕：

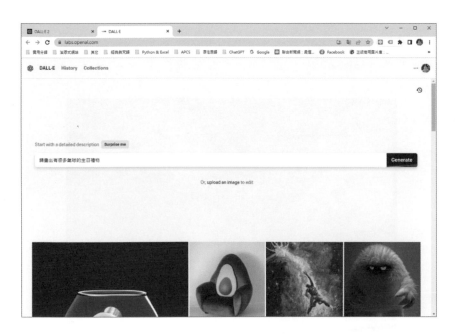

之後就可以快速生成品質相當高的圖像，如下圖所示：

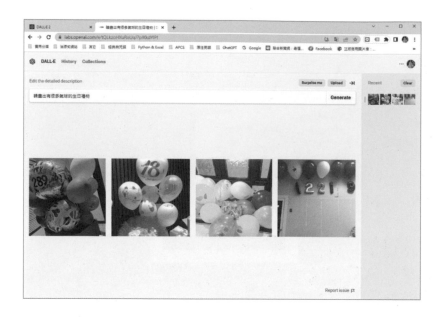

13-4 使用 Midjourney 輕鬆繪圖

Midjourney 是一款 AI 繪圖程式，輸入簡單的描述文字就能讓 AI 自動幫你創建出獨特而新奇的圖片，只需 60 秒，就能快速生成四幅作品。

想要利用 Midjourney 來嘗試作圖，你可以先免費試用，不管是插畫、寫實、3D 立體、動漫、卡通、標誌或是特殊的藝術風格，它都可以輕鬆幫你設計出來。不過免費版是有限制生成的張數，之後就必須訂閱付費才能夠使用，而付費所產生的圖片可作為商業用途。

13-4-1 申辦 Discord 的帳號

要使用 Midjourney 之前必須先申辦一個 Discord 的帳號，才能在 Discord 社群上下達指令。各位可以先前往 Midjourney AI 繪圖網站，網址為：https://www.midjourney.com/home/。

請先按下底端的「Join the Beta」鈕，它會自動轉到 Discord 的連結，請自行申請一個新的帳號，過程中需要輸入個人生日、密碼、電子郵件等相關資訊。目前需要幾天的等待時間才能被邀請加入 Midjourney。

Midjourney 原本開放給所有人免費使用，不過申於申請的人數眾多，官方已宣布不再提供免費服務，費用為每月 10 美金才能繼續使用。

13-4-2 登入 Midjourney 聊天室頻道

Discord 帳號申請成功後，每次電腦開機時就會自動啟動 Discord。當你受邀加入 Midjourney 後，你會在 Discord 左側看到 🚣 鈕，按下該鈕就會切換到 Midjourney。

❶ 按此鈕切換到 Midjourney

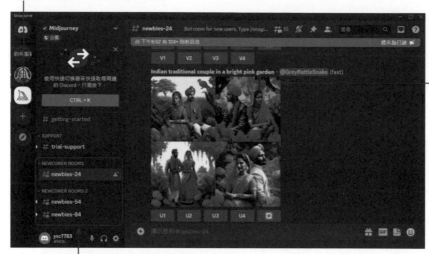

❸ 由右側欄位可欣賞其他新成員的作品與下達的關鍵文字

❷ 點選「newcomer rooms」中的任一頻道

對於新成員，Midjourney 提供了「newcomer rooms」，點選其中任一個含有「newbies-#」的頻道，就可以讓新進成員進入新人室中瀏覽其他成員的作品，也可以觀摩他人如何下達指令。

下達的關鍵文字

產生的 4 組圖片

13-4-3　下達指令詞彙來作畫

　　當各位看到各式各樣精采絕倫的畫作,是不是也想實際嘗試看看!下達指令的方式很簡單,只要在底端含有「+」的欄位中輸入「/imagine」,然後輸入英文的詞彙即可。你也可以透過以下方式來下達指令:

❶ 先進入新人室的頻道

❷ 按此鈕,並下拉選擇「使用應用程式」

❸ 再點選此項

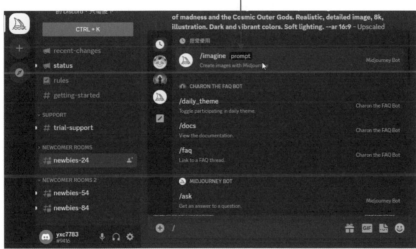

❹ 在 Prompt 後方輸入你想要表達的英文字句,按下「Enter」鍵

❺ 約莫幾秒鐘，就會在上
方顯示的作品

上方會顯示你所下達的指令和你的帳號

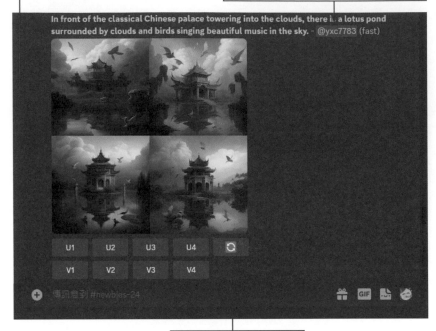

不滿意可按此鈕重新刷新

13-4-4　英文指令找翻譯軟體幫忙

對於如何在 Midjourney 下達指令詞彙有所了解後，再來說說它的使用技巧吧！首先是輸入的 prompt，輸入的指令詞彙可以是長文的描述，也可以透過逗點來連接詞彙。

在觀看他人的作品時，對於喜歡的畫風，你可以參閱他的描述文字，然後應用到你的指令詞彙之中。如果你覺得自己英文不好也沒有關係，可以透過 Google 翻譯或 DeepL 翻譯器之類的翻譯軟體，把你要描述的中文詞句翻譯成英文，再貼入 Midjourney 的指令區即可。同樣地，看不懂他人下達的指令詞彙，也可以將其複製後，以翻譯軟體幫你翻譯成中文。

要特別注意，由於目前試玩 Midjourney 的成員眾多，洗版的速度非常快，你若沒有看到自己的畫作，往前後找找就可以看到。

13-4-5　重新刷新畫作

在你下達指令詞彙後，萬一呈現出來的四個畫作與你期望的落差很大，一種方式是修改你所下達的英文詞彙，另外也可以在畫作下方按下 🔄 重新刷新鈕，Midjourney 就會重新產生新的四個畫作出來。

如果你想以某一張畫作來進行延伸變化，可以點選 V1 到 V4 的按鈕，其中 V1 代表左上、V2 是右上、V3 左下、V4 右下。

13-4-6　取得高畫質影像

當產生的畫作有符合你的需求，你可以考慮將它保留下來。在畫作的下方會看到 U1 到 U4 等 4 個按鈕，其中數字是對應四張畫作，分別是 U1 左上、U2 右上、U3 左下、U4 右下；如果你喜歡右上方的圖，可按下 U2 鈕，它就會產生較高畫質的圖給你，如下圖所示。按右鍵於畫作上，執行「開啟連結」指令，會在瀏覽器上顯示大圖，再按右鍵執行「另存圖片」指令，就能將圖片儲存到你指定的位置。

13-4-7 新增 Midjourney 至個人伺服器

　　由於目前使用 Midjourney 來建構畫作的人很多，所以當各位下達指令時，常常因為他人的洗版，讓你要找尋自己的畫作也要找半天。如果你有相同的困擾，可以考慮將 Midjourney 新增到個人伺服器中，如此一來就能建立一個你與 Midjourney 專屬的頻道。

⭐ 新增個人伺服器

　　首先你要擁有自己的伺服器。請在 Discord 左側按下「+」鈕來新增個人的伺服器，接著你會看到「建立伺服器」的畫面，按下「建立自己的」選項，再輸入個人伺服器的名稱，如此一來個人專屬的伺服器就可建立完成。

⭐ 將 Midjourney 加入個人伺服器

有了自己專屬的伺服器後,接下來準備將 Midjourney 加入到個人伺服器之中。

❶ 切換到個人伺服器

❷ 按此新增你的第一個應用程式

❸ 輸入 Midjourney,按下「Enter」鍵進行搜尋

接下來還會看到如下兩個畫面，告知你 Midjourney 將存取你的 Discord 帳號，按下「繼續」鈕，保留所有選項預設值後再按下「授權」鈕，就可以看到「已授權」的綠勾勾，順利將 Midjourney 加入到你的伺服器當中。

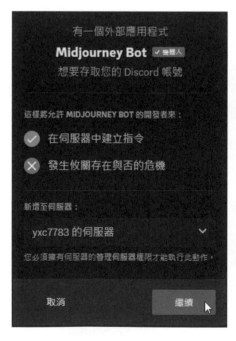

完成如上的設定後，依照前面介紹的方式使用 Midjourney，就不用再怕被洗版了！

13-5 功能強大的 Playground AI 繪圖網站

在本單元中，我們將介紹一個便捷且強大的 AI 繪圖網站，它就是 Playground AI。這個網站免費且不需要進行任何安裝程式，並且經常更新，以確保提供最新的功能和效果。Playground AI 目前提供無限制的免費使用，讓使用者能夠完全自由地客製化生成圖像，同時還能夠以圖片作為輸入生成其他圖像，使用者只需先選擇所偏好的圖像風格，然後輸入英文提示文字，最後點擊「Generate」按鈕即可立即生成圖片。網站的網址為 https://playgroundai.com/，這個平台提供了簡單易用的工具，讓你探索和創作獨特的 AI 生成圖像體驗。

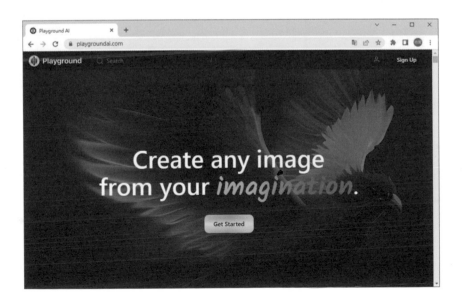

13-5-1 學習圖片原創者的提示詞

首先，讓我們來探索其他人的技巧和創作。當你在 Playground AI 的首頁向下滑動時，你會看到許多其他使用者生成的圖片，每一張圖片都展現了獨特且多樣化的風格；你可以自由地瀏覽這些圖片，並找到你喜歡的風格。只需用滑鼠點擊任意一張圖片，你就能看到該圖片的原創者、使用的提示詞，以及任何可能影響畫面出現的其他提示詞等相關資訊。

這樣的資訊對於學習和獲得靈感非常有幫助，你可以了解到其他人是如何使用提示詞和圖像風格來生成他們的作品，這不僅讓你更了解 AI 繪圖的應用方式，也可以啟發你在創作過程中的想法和技巧。無論是學習他們的方法，還是從他們的作品中獲得靈感，都可以讓你的創作更加豐富和多元化。

Playground AI 為你提供了一個豐富的創作社群，讓你可以與其他使用者互相交流、分享和學習。這種互動和共享的環境可以激發你的創造力，並促使你不斷進步和成長。所以，不要猶豫，立即探索這些圖片，看看你可以從中獲得什麼樣的的靈感和創作技巧吧！

❶ 以滑鼠點選此圖片，使進入下圖畫面

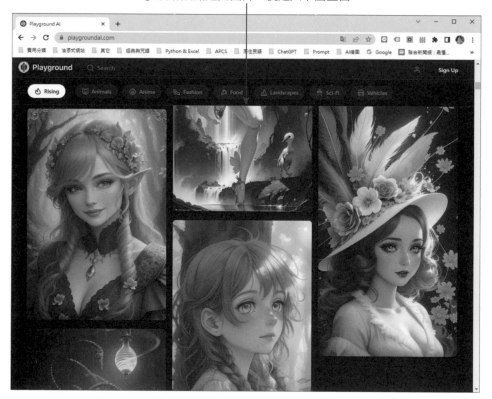

圖片生成者　　此張畫生成的 Prompt

複製 Prompt　　再混合

　　即使你的英文程度有限，無法理解內容也不要緊，你可以將文字複製到「Google 翻譯」或者使用 ChatGPT 來協助你進行翻譯，以便得到中文的解釋。此外，你還可以點擊「Copy prompt」按鈕來複製提示詞，或者點擊「Remix」按鈕以混合提示詞來生成圖片。這些功能都可以幫助你善加使用這個平台，獲得你所需的圖像創作體驗。

按下「Remix」鈕會進入 Playground 來生成混合的圖片

除了參考他人的提示詞來生成相似的圖像外，你還可以善用 ChatGPT 根據你自己的需求生成提示詞喔！利用 ChatGPT，你可以提供相關的說明或指示，讓 AI 繪圖模型根據你的要求創作出符合你想法的圖像，這樣你就能夠更加個性化地使用這個工具，獲得符合自己想像的獨特圖片。不要害怕嘗試不同的提示詞，挑戰自己的創意，讓 ChatGPT 幫助你實現獨一無二的圖像創作。

13-5-2 初探 Playground 操作環境

在瀏覽各種生成的圖片後，我相信你已經迫不及待地想要自己嘗試了。只需在首頁的右上角點擊「Sign Up」按鈕，然後使用你的 Google 帳號登入即可開始，這樣你就可以完全享受到 Playground AI 提供的所有功能和特色。

❶ 按此鈕登入帳號

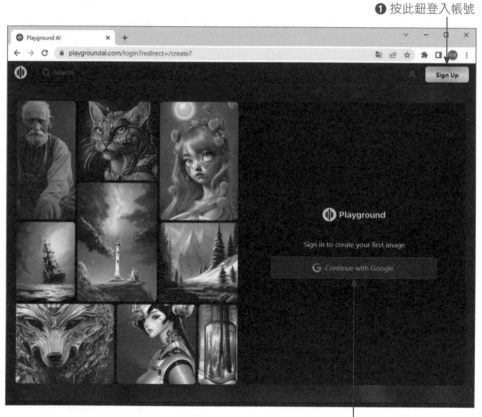

❷ 以 Google 帳戶直接登入

風格選擇區　　❸ 顯示 Playground 的視窗畫面　　模型選取區

Prompt 輸入區　　　　　　　　尺寸設定區

13-5-3　利用 ChatGPT 取得最佳的提示詞

在這裡，我們將利用 ChatGPT 提出問題來獲得最佳的提示詞，然後將這些提示詞複製到 Playground AI 中生成圖片。這樣做可以確保 Playground AI 生成的圖片更符合我們的期望。我們可以讓 ChatGPT 扮演 Playground AI 的提示詞生成器，以獲得更具創意和個性化的繪圖提示。這種結合 ChatGPT 和 Playground AI 的方式將為我們帶來更加豐富和獨特的圖像創作體驗。現在就讓我們開始利用 ChatGPT 來生成最佳的繪圖提示，並在 Playground AI 中展開創作吧！

Q prompt 提示

> 接下來請你扮演 Playground AI 繪圖提示生成器

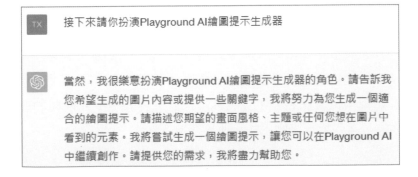

當我們告訴 ChatGPT 我們想要的畫面效果時，接下來就輸入要提示的文字內容。

Q prompt 提示

> 我想要一個歡樂的籃球總冠軍賽奪冠的慶祝畫面。

> TX　我想要一個歡樂的籃球總冠軍賽奪冠的慶祝畫面。
>
> 給您的繪圖提示是：「一個歡樂的籃球總冠軍賽奪冠的慶祝畫面」。
> 您可以將這個提示複製並貼到Playground AI的Prompt區塊中，然後按
> 下「Generate」來生成相應的圖片。希望這個繪圖提示能幫助您創作
> 出一個令人歡欣鼓舞的畫面！

如果 ChatGPT 給出的內容符合你的要求，你可以請它將其翻譯成英文，這樣，你就能獲得更優秀的提示詞，並將該段英文文字複製並貼到 Playground AI 中。這將有助於你在 Playground AI 中獲得更理想的生成圖像。

Q prompt 提示

> 請將上面的繪圖提示翻譯成英文

> TX　請將上面的繪圖提示翻譯成英文
>
> The translation of the drawing prompt is: "A joyful celebration scene
> of winning the basketball championship." You can copy and paste this
> prompt into the Prompt section of Playground AI, and then click on
> "Generate" to create the corresponding image. I hope this drawing
> prompt helps you create an inspiring and joyful artwork!

13-5-4 實戰 Playground AI 生成圖片

一旦你登入 Playground 帳號，就可以使用左側的篩選器來選擇你喜歡的圖片濾鏡。按下圖示下拉式按鈕後，你將看到各種縮圖，這些縮圖可以大致展示出圖片呈現的風格。在這裡可以嘗試更多不同的選項，並發現許多令人驚豔的畫面，不斷探索和試驗，你將發現各種迷人的風格和效果等待著你。

現在，將 ChatGPT 生成的文字內容「複製」並「貼到」左側的提示詞（Prompt）區塊中。右側的「Model」提供四種模型選擇，預設值是「Stable Diffusion 1.5」，這是一個穩定的模型。DALL-E 2 模型需要付費才能使用，因此建議你繼續使用預設值。至於尺寸，免費用戶有五個選擇，其中 1024 x 1024 的尺寸需要付費才能使用；你可以選擇想要生成的畫面尺寸。

❶ 將 ChatGPT 得到的文字內容貼入

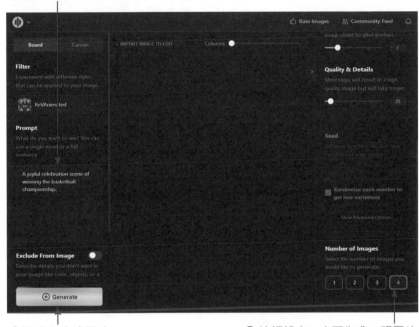

❸ 按此鈕生成圖片　　　　　　　　　❷ 這裡設定一次可生成 4 張圖片

完成基本設定後，最後只需按下畫面左下角的「Generate」按鈕，即可開始生成圖片。

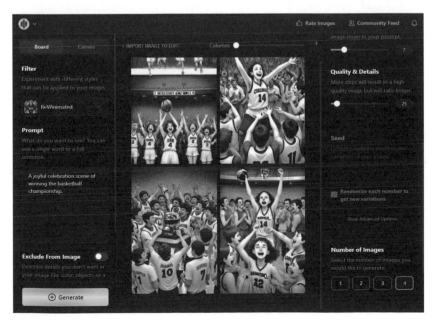

13-5-5 放大檢視生成的圖片

生成的四張圖片太小看不清楚嗎？沒關係，可以在功能表中選擇全螢幕來觀看。

❶ 按下「Action」鈕，在下拉功能表單中選擇「View full screen」指令

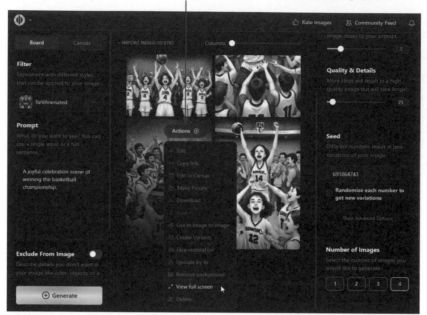

❷ 以最大的顯示比例顯示畫面，再按一下滑鼠就可離開

13-5-6 利用 Create variations 指令生成變化圖

當 Playground 生成四張圖片後，如果有找到滿意的畫面，就可以在下拉功能表單中選擇「Create variations」指令，讓它以此為範本再生成其他圖片。

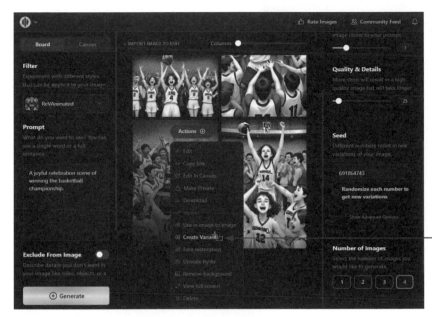

❶ 選擇「Create variations」指令生成變化圖

❷ 生成四張類似的變化圖

13-5-7 生成圖片的下載

當你對 Playground 生成的圖片滿意時，可以將畫面下載到你的電腦上，它會自動儲存在你的「下載」資料夾中。

選擇「Download」
指令下載檔案

13-5-8 登出 Playground AI 繪圖網站

當不再使用時，如果想要登出 Playground，請由左上角按下  鈕，再執行「Log Out」指令即可。

❶ 按此鈕

❷ 選此指令登出 Playground

13-6 Bing 的生圖工具：Bing Image Creator

Mircrosoft 的 BingAI 繪圖工具 Image Creator 是一個很方便的工具，它能夠幫助使用者輕鬆地將文字轉換成圖片。2023 年 2 月，Bing 搜尋引擎和 Microsoft Edge 瀏覽器推出整合了 ChatGPT 功能的最新版本，而在 3 月份，Mircrosoft 正式推出了全新的「Bing Image Creator（影像建立者）」AI 影像生成工具，並且免費提供給所有使用者。Bing Image Creator 可以讓使用者輸入中文和英文的提示詞，並將其快速轉換為圖片。

13-6-1 從文字快速生成圖片

現在，讓我們來示範如何使用 Bing Image Creator 快速生成圖片。首先，請各位先連上以下的網址，參考下列操作步驟：

網站連結 https://www.bing.com/create

❶ 點選「加入並創作」鈕

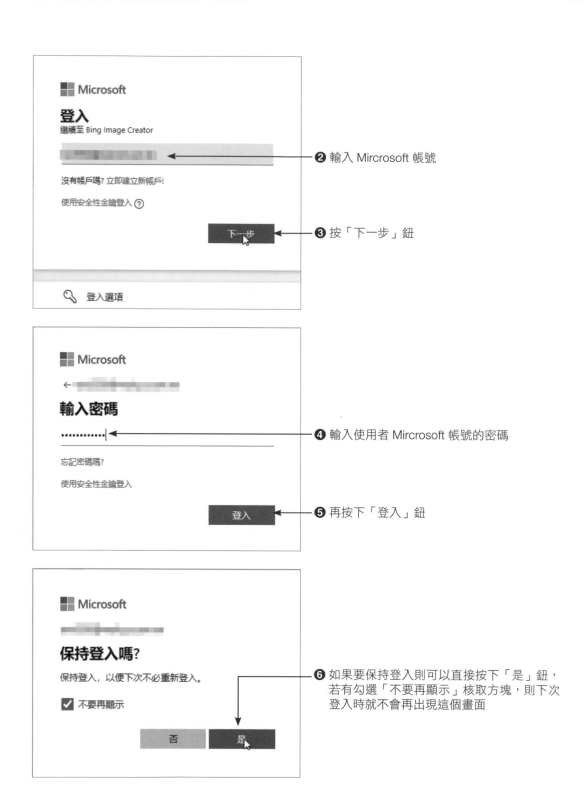

❷ 輸入 Mircrosoft 帳號

❸ 按「下一步」鈕

❹ 輸入使用者 Mircrosoft 帳號的密碼

❺ 再按下「登入」鈕

❻ 如果要保持登入則可以直接按下「是」鈕，
若有勾選「不要再顯示」核取方塊，則下次
登入時就不會再出現這個畫面

登入後就可以開始使用 Bing Image Creator，下圖為介面的簡易功能説明：

這裡會有 Credits 的數字，雖然它是免費，
但每次生成一張圖片則會使用掉一點

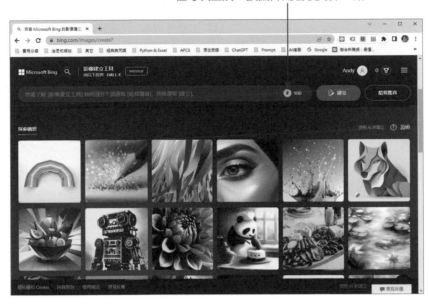

接著我們就來示範如何從輸入提示文字到如何產生圖片的實作過程：

❶ 輸入提示文字「The beautiful hostess
is dancing with the male host on the
dance floor.」（ 也可以輸入中文提示
詞 ）

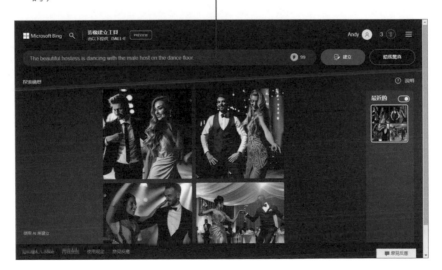

❷ 按「建立」鈕可以開始產生圖

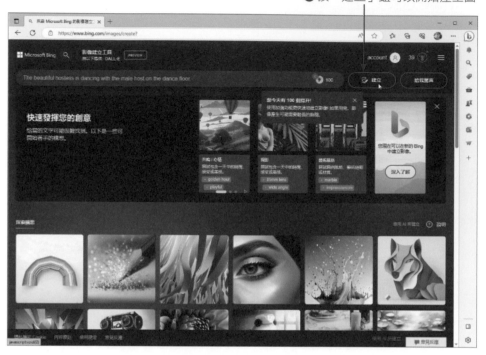

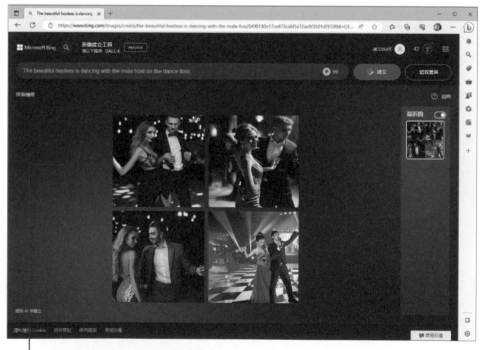

❸ 一些秒數之後就可以根據提示
詞一次生成 4 張圖片，請點按
其中一張圖片

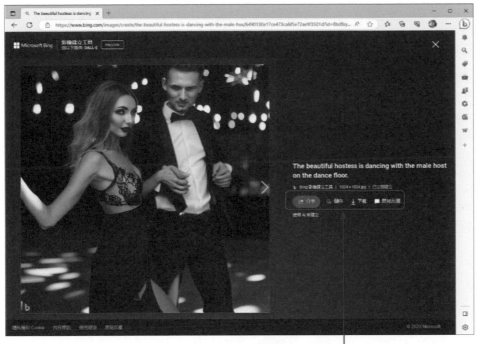

❹ 接著就可以針對該圖片進行分享連結、儲存
到網路剪貼簿功能的「集錦」中或下載圖檔
等操作。Microsoft Edge 瀏覽器「集錦」功
能可收集整理網頁、影像或文字

❺ 當按下 Edge 瀏覽器上的集合鈕，
就可以查看目前儲存在「集錦」
內的圖片

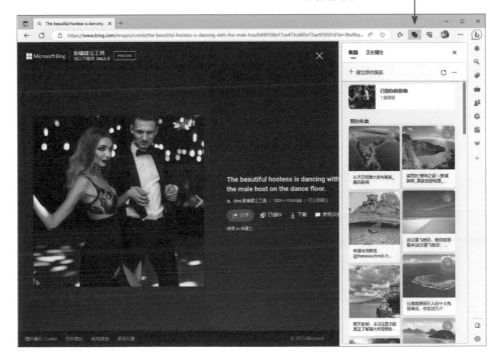

13-6-2 「給我驚喜」可自動產生提示詞

如果需要，可以再次輸入不同的提示詞，以生成更多圖片，這樣你就可以使用 Bing Image Creator 輕鬆將文字轉換成圖片了；或是按下圖的「給我驚喜」可以讓系統自動產生提示文字。

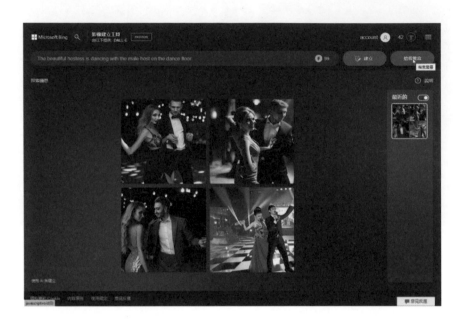

有了提示文字後，只要再按下「建立」鈕就可以根據這個提示文字生成新的四張圖片，如下圖所示：

Designed by pikisuperstar / Freepik

附錄

附錄1 社群常用廣告規格與用途

Facebook 和 Instagram 兩大社群因為以整合在一起,所以廣告規格是相同的,這裡介紹的是臉書的廣告格式,包含影片廣告、精選集廣告、輪播廣告、輕影片、全螢幕互動廣告、圖像廣告等,每種廣告的規格與用途皆不同,下面列出供各位參考:

⭐ 影片廣告

◆ **廣告用途**:影片廣告是以音效及動態展示產品特色,以吸引用戶目光。

◆ **廣告規格**:建議採用 H.264 壓縮格式、固定影格速率、漸進式掃描和傳輸率為 128kbps 以上的立體聲。檔案以 4 GB 為上限,長度上限為 240 分鐘,最好加入字幕與音效,影片長寬比為 9:16 或 16:9。

⭐ 精選集廣告

◆ **廣告用途**:針對個別用戶顯示產品目錄中的商品,目的在刺激顧客的購買慾望。這種視覺化的廣告容易打動消費者,以美觀的排版讓用戶一次瀏覽多達 50 件的商品,提升用戶購買商品的機率,而用戶輕觸廣告後即可開啟沉浸式的購物體驗。如果用戶對某件商品有興趣,即可輕觸前往商家網站了解更多資訊或下單購買。

◆ **廣告規格**:通常包含一張封面圖像或一段影片,之後接著顯示數張產品圖像。當用戶點選時,便會連結至全螢幕的互動廣告,廣告主可運用全螢幕互動體驗來吸引顧客,使產生興趣或進一步提高購買意願。

⭐ 輪播廣告

◆ **廣告用途**:可展示 10 張以內的圖卡,每張圖卡可置入圖像或影片,並可獨立設定一個連結,讓廣告主在單一廣告中享有多種的發揮空間。

◆ **廣告規格**:圖卡數量的下限為 2 張,使用的圖片可採 jpg 或 png 格式,而影片格式則建議採用 mp4 或 mov 格式,另外手機影片、Windows Media 影片 avi、dv、mov、mpeg、wmv、Flash 影片…等各種影片格式,臉書都可支援。影片檔限制在 4 GB 以內,圖片上限則為 30 MB,長寬比為 1:1,至少 1080 x 1080 像素。

⭐ 輕影片

◆ **廣告用途**：結合動態、音效、文字，以敘事手法呈現品牌故事。

◆ **廣告規格**：規格同「影片廣告」。

⭐ 全螢幕互動廣告

◆ **廣告用途**：此類廣告是針對行動裝置而設計的廣告，讓用戶從你的廣告中迅速獲得全螢幕的體驗

⭐ 圖像廣告

◆ **廣告用途**：圖像廣告是透過優質圖片來吸引用戶前往指定的網站或應用程式。

◆ **廣告規格**：檔案類型為 jpg 或 png，高解析度圖像，建議至少 1200 x 628 像素，圖像中文字比例若超過 20% 會減少投遞次數，圖像長寬比為 9:16 或 16:9。

附錄2 免費好用的 pyTranscriber 影音字幕辨識軟體

「pyTranscriber」軟體是一套免費的影音字幕辨識軟體，辨識效果還不錯，可以讓你快速產生字幕檔。目前支援 Linux、Mac、Windows 三種作業系統，能支援多國語言的影片上字幕，包含中文語音辨識。

⭐ 下載與安裝 pyTranscriber

請自行到網站上搜尋關鍵字「pyTranscriber」，再依照個人的作業系統選擇合適的壓縮檔或執行檔。

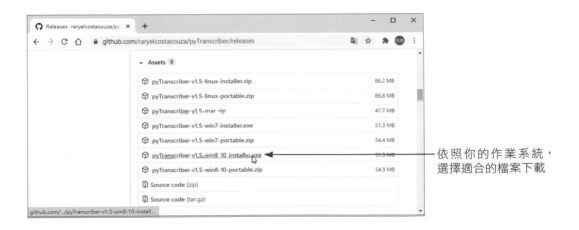

依照你的作業系統，
選擇適合的檔案下載

⭐ 以 pyTranscriber 產生字幕檔

　　下載安裝後，從「開始」功能表中選擇「pyTranscriber」💽 將它啟動，接下來就是將你的影片檔匯入進來然後進行轉換。這裡除了可以匯入影片檔外，也可以匯入音訊檔來進行轉換。轉換方式如下：

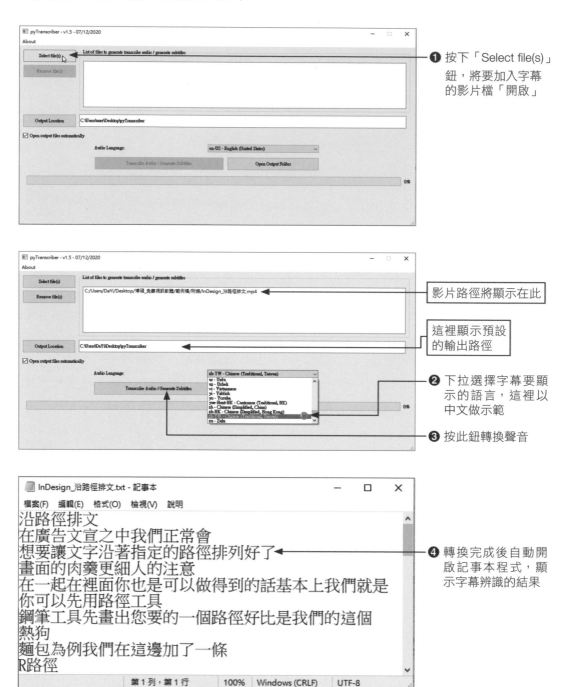

❶ 按下「Select file(s)」鈕，將要加入字幕的影片檔「開啟」

影片路徑將顯示在此

這裡顯示預設的輸出路徑

❷ 下拉選擇字幕要顯示的語言，這裡以中文做示範

❸ 按此鈕轉換聲音

❹ 轉換完成後自動開啟記事本程式，顯示字幕辨識的結果

⭐ 編修字幕

　　當我們利用 pyTranscriber 產生字幕時，它會在桌面上的「pyTranscriber」資料夾中產生「txt」和「srt」兩個文件檔，而且自動開啟「txt」文件檔。這兩種檔案格式都可以利用記事本程式將文字開啟。由於講者口音的清晰度會影響到辨識的成果，通常辨識後的文稿大概有七八成左右的可用度，你必須開啟影片檔進行播放，然後再針對文稿內容進行修正，所以建議你直接在「txt」檔上進行編修，「srt」檔則不必理會。

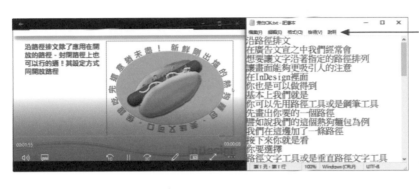

同時開啟影片檔和記事本，針對文稿進行編修。注意：每一行文字是字幕顯示的長度，如果文字太長，記得要加以分段

 附錄3 使用 ArtTime Pro 加入字幕

　　當你在視訊剪輯軟體中為影片加入字幕，除了要輸入或插入文字外，還要設定文字開始的時間和結束的時間，這樣當播放磁頭到達某一時間點時，字幕才會自動出現或是隱藏起來。

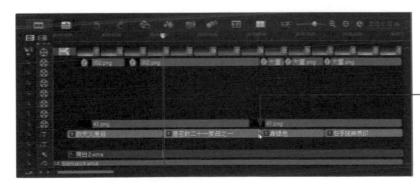

會聲會影視訊剪輯軟體是由「標題軌」設定字幕出現的位置和時間長度

OpenShop 的字幕功能，也是必須「複製」和「貼上」文字稿，才能設定字幕出現的時間和長度

透過這樣的方式將記事本中的文字依序「複製」、「貼入」標題軌中，再依照字幕出現的位置調整軌道的長短，這樣的製作需要耗費不少時間。很多視訊剪輯軟體都有提供字幕檔匯入的功能，字幕檔的格式為「*.utf」或「*.srt」，基本上字幕檔是由 3 列文字所組成，透過這三列的資料，視訊剪輯軟體才能夠知道何時讓字幕出現。如下圖所示：

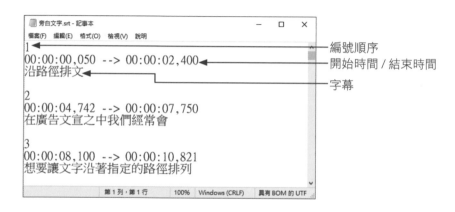

編號順序

開始時間 / 結束時間

字幕

前面我們利用「pyTranscriber」轉換字幕，並將文字內容確認後，接下來還要利用另一套軟體 -Arctime Pro 來為字幕設定開始和結束時間，以加快字幕的編輯速度。

⭐ 下載 Arctime Pro

請自行在瀏覽器上搜尋關鍵字「Arctime Pro」，找到後請進行下載和解壓縮。

解壓縮之後，請在該資料夾中按滑鼠兩下於「Arctime Pro.exe」執行檔，即可啟用該程式。

Arctime Pro 執行檔

⭐ 匯入音視訊檔案

首先我們將要加入字幕的影片檔（或音訊檔）匯入進來，請執行「檔案 / 匯入音視訊檔案」指令使開啟影片或音訊檔。這裡我們以影片檔做說明，因為加入字幕後我可以直接將影片檔輸出。

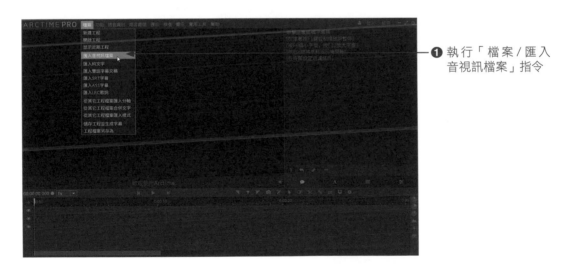

❶ 執行「檔案 / 匯入音視訊檔案」指令

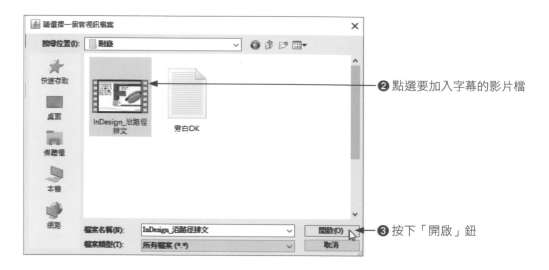

② 點選要加入字幕的影片檔

③ 按下「開啟」鈕

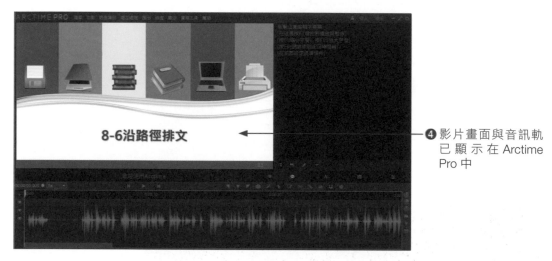

④ 影片畫面與音訊軌已顯示在 Arctime Pro 中

⭐ 匯入純文字檔

影片加入到 Arctime Pro 之後，接著要把已經整理好的字幕匯入進來，請利用「檔案 / 匯入純文字」指令將文字加入至右側的欄位中。

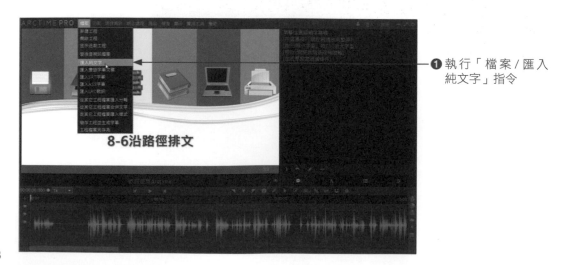

① 執行「檔案 / 匯入純文字」指令

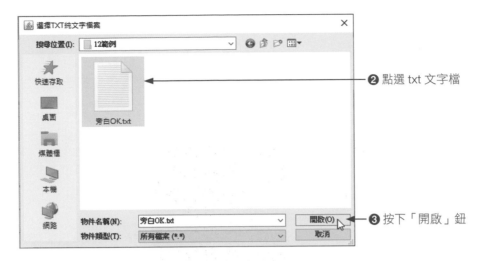

❷ 點選 txt 文字檔

❸ 按下「開啟」鈕

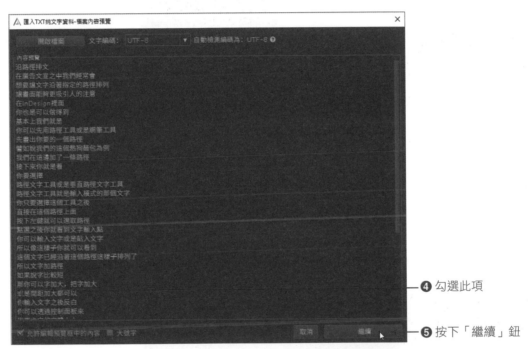

❹ 勾選此項

❺ 按下「繼續」鈕

❻ 字幕內容已顯示在右側的欄框中

⭐ 使用 JK 鍵拍打工具設定字幕時間值

　　Arctime Pro 有一個 JK 鍵拍打工具，可以讓我們一邊聽影片中的聲音，一邊透過 J 按鍵來加入字幕。如果你怕講話的速度過快不好控制，可以將聲音播放的速度變慢喔！設定方式如下：

❶ 播放磁頭放在最前端

❷ 由此下拉將播放的速度調慢

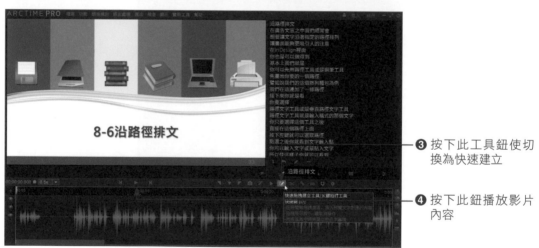

❸ 按下此工具鈕使切換為快速建立

❹ 按下此鈕播放影片內容

　　當聲音出現時，我們就按下「J」鍵，等該行字幕結束時就放開滑鼠，此時你會發現褐色區塊會自動顯示字幕，再按下「J」鍵褐色區塊再度出現，直到放開滑鼠該列字幕就會顯示文字，如下圖所示。

聲音出現時按下「J」鍵

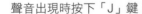

聲音結束時放開「J」鍵，就會看到文字加入褐色區塊中

　　當所有字幕都加入到時間軸後，如果有設定不好的地方，只要拖曳褐色區塊的前後位置使調整長度，使它與聲波相符即可。完成設定時右側欄框的文字也會一一消失，跑到底下的褐色區塊中。完成之後按下「播放」鈕，就可以在影片下端看到字幕的效果了！如下圖所示：

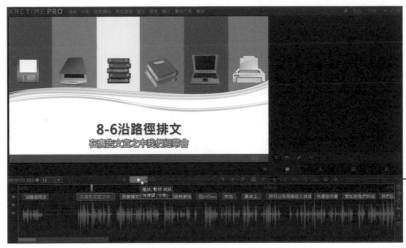

播放時可看到字幕的出現

⭐ 從 Arctime Pro 快速壓制視訊

　　當你透過「播放」功能看完字幕在影片上顯示的效果後，就可以考慮將影片檔匯出。Arctime Pro 提供的匯出功能相當多樣，你可選擇將檔案快速壓制成視訊格式，也可以變成字幕檔案，再到視訊剪輯軟體中做整合處理。這裡我們介紹的是將檔案輸出成 mp4 格式，快速完成影片字幕的處理。

❶ 執行「匯出 / 快速壓制視訊（標準 mp4）」指令

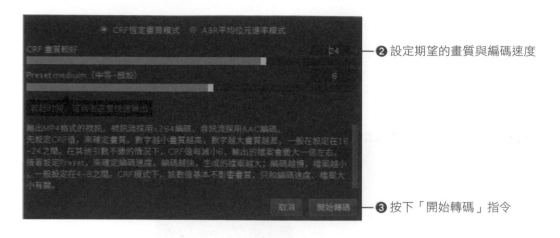

❷ 設定期望的畫質與編碼速度

❸ 按下「開始轉碼」指令

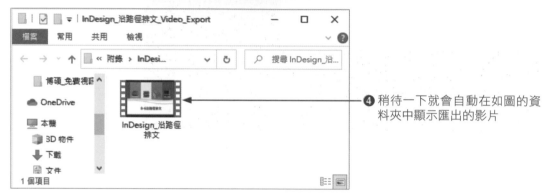

❹ 稍待一下就會自動在如圖的資料夾中顯示匯出的影片

⭐ 從 Arctime Pro 匯出字幕檔案

　　剛剛介紹的是直接在影片中加入字幕，匯出後你就可以將這個有包含字幕的影片檔上傳到 YouTube 中。如果你有 YouTube 影片未加入字幕，後來因為點閱率高想要加入字幕，那麼也可以透過前面的方式加入字幕，最後再 Arctime Pro 中「匯出字幕檔案」。匯出字幕檔案的方式如下：

❶ 執行「匯出 / 字幕檔案」指令

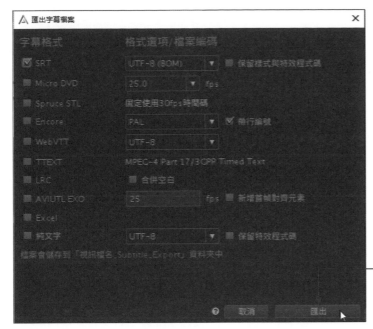

❷ 保留設定值不變，按下「匯出」鈕

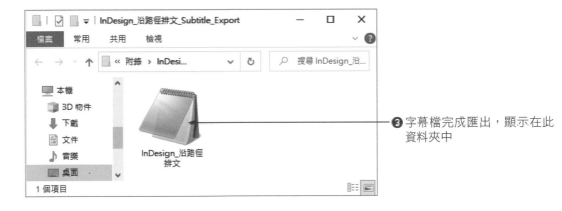

❸ 字幕檔完成匯出，顯示在此資料夾中

附錄4 從 YouTube 網站新增 CC 影片字幕

　　字幕檔從 Arctime Pro 匯出後，現在為各位示範從 YouTube 網站新增字幕檔的方式。

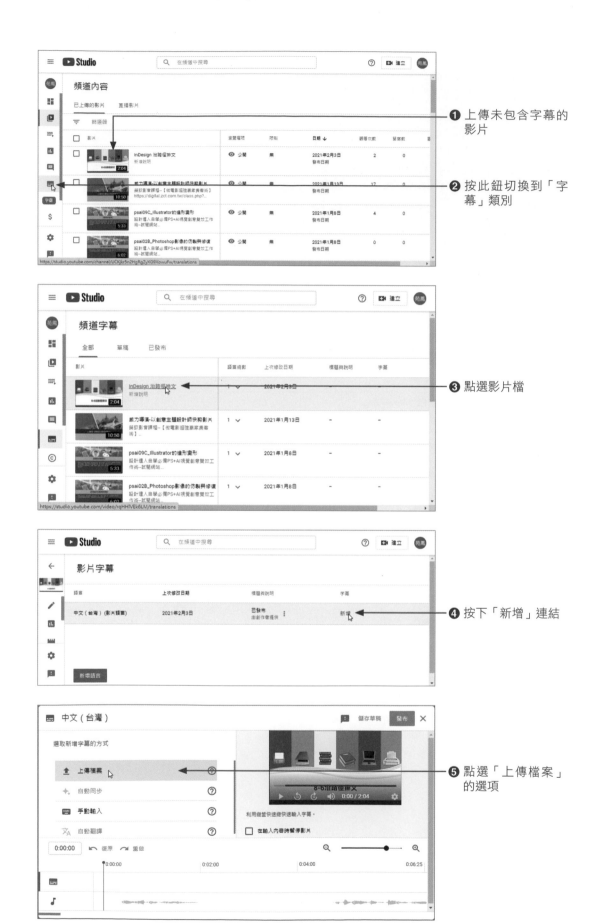

❶ 上傳未包含字幕的影片

❷ 按此鈕切換到「字幕」類別

❸ 點選影片檔

❹ 按下「新增」連結

❺ 點選「上傳檔案」的選項

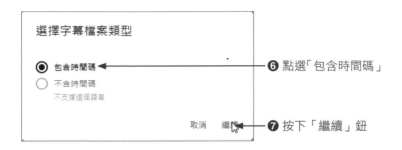

選擇字幕檔案類型

⊙ 包含時間碼　◀──────── ❻ 點選「包含時間碼」

○ 不含時間碼
　不支援這個語言

取消　繼續　◀──────── ❼ 按下「繼續」鈕

❽ 點選從 Arctime Pro
匯出的字幕檔

❾ 按下「開啟」鈕

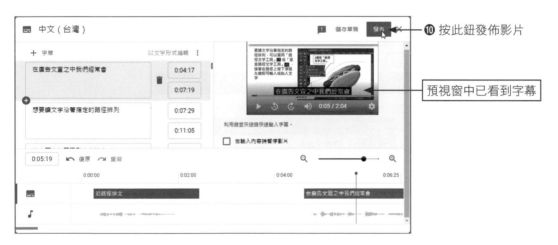

❿ 按此鈕發佈影片

預視窗中已看到字幕

影片發布之後，當瀏覽者觀看你的影片時，就可以看到剛剛所加入的字幕了！

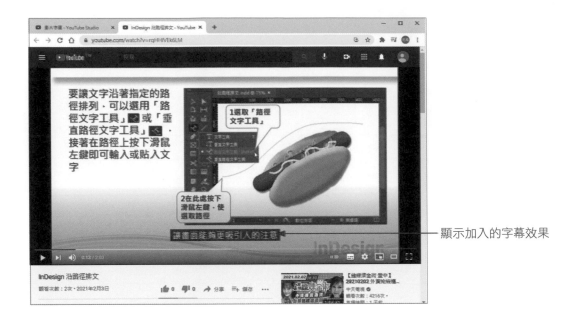

—— 顯示加入的字幕效果

當你的影片有加入 CC 字幕（Closed Caption），非台灣的瀏覽者在觀賞你的影片時，就可以透過影片右下角的 ⚙ 鈕下拉選擇「自動翻譯」的選項，再選擇想要顯示的語系即可。

❷ 選擇「自動翻譯」，再選取語言

❶ 按下「設定」鈕

如下圖所示，輕鬆將你的熱門影片轉換成英文或日文的字幕了！

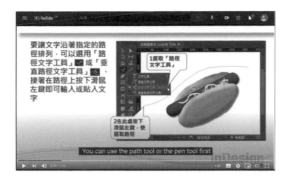

NOTE